挥发性有机物污染控制系列丛书

工艺过程溶剂蒸发挥发性有机物排放研究

沙　莎　闵　健　王赫婧　庄思源　于　喆　等编译

王冬朴　蔡　梅　吕　巍　审校

中国环境出版集团·北京

图书在版编目（CIP）数据

工艺过程溶剂蒸发挥发性有机物排放研究/沙莎等编译. —北京：中国环境出版集团，2019.8

（挥发性有机物污染控制系列丛书）

ISBN 978-7-5111-4067-8

Ⅰ. ①工… Ⅱ. ①沙… Ⅲ. ①涂装工艺—挥发性有机物—工业污染防治—研究 Ⅳ. ①X783

中国版本图书馆 CIP 数据核字（2019）第 177894 号

出 版 人 武德凯
策划编辑 黄晓燕
责任编辑 李兰兰
责任校对 任 丽
封面设计 宋 瑞

出版发行 中国环境出版集团
（100062 北京市东城区广渠门内大街 16 号）
网 址：http：//www.cesp.com.cn
电子邮箱：bjgl@cesp.com.cn
联系电话：010-67112765（编辑管理部）
010-67112735（第一分社）
发行热线：010-67125803，010-67113405（传真）

印 刷 北京市联华印刷厂
经 销 各地新华书店
版 次 2019 年 8 月第 1 版
印 次 2019 年 8 月第 1 次印刷
开 本 787×960 1/16
印 张 13.75
字 数 230 千字
定 价 58.00 元

【版权所有。未经许可，请勿翻印、转载，违者必究。】
如有缺页、破损、倒装等印装质量问题，请寄回本社更换

前 言

工艺过程源和溶剂使用源是我国大气挥发性有机物（VOCs）最主要的工业来源。工业涂装工艺由于使用溶剂型涂料、稀释剂和清洗剂，会形成大量 VOCs 排放。依据 2015 年全国人为源 VOCs 排放清单，工艺涂装 VOCs 排放占整个工业源 VOCs 排放量的 20%以上。

参照国家《大气挥发性有机物源排放清单编制技术指南（试行）》源分类方法，工艺过程源包括石油化工业和其他工艺过程共 2 个二级分类，其中石油化工业类下分天然原油和天然气开采、基础化学原料制造、肥料制造等 16 个三级分类；其他工艺过程类下分水泥、石灰和石膏的制造，砖瓦、石材及其他建筑材料制造，玻璃及玻璃制品制造等 14 个三级分类。目前，VOCs 研究涉及的行业主要包括石油化工类下分的药品制造、涂料、油墨、颜料以及类似产品制造、塑料人造革及合成革制造、天然原油和天然气开采、精炼石油产品以及基础化学原料制造，以及其他工艺过程类下分的人造板制造、炼焦等 8 个三级分类行业。不同行业排放 VOCs 组成和规律差异大，不具备完全的可比性，对所有行业的 VOCs 排放进行量化分析的难度较大。

此外，已有监测结果表明，工业涂装废气排放中富含苯系物、含氧挥发性有机物（OVOCs）等活性强、毒性大的 VOCs 物质。基于此，国务院印发的《“十三五”节能减排综合工作方案》，环境保护部、国家发展和改革委员会、财政部、交通运输部、国家质量监督检验检疫总局、国家能源局印发的《“十三五”挥发性有机物污染防治工作方案》均将工业涂装纳入“十三五”期间全国 VOCs 减排的重点领域。

AP-42 相关文献资料为美国国家环境保护局 1995 年 1 月发布的第五版，在 VOCs 定义与表征、监测方法、排放量估算方法以及污染控制标准体系方面的研究较为全面和深入，是 VOCs 管理研究的首要借鉴对象。为贯彻落实《大气污染防治行动计划》（国发〔2013〕37 号），生态环境部环境工程评估中心组织翻译了《工艺过程溶剂蒸发挥发性有机物排放研究》（*Evaporation Loss Sources*，EPA，AP-42，第五版，第一卷）。有机溶剂蒸发损失主要包括干洗厂、表面涂层操作和脱脂操作等排出的有机溶剂，本书内容包括：第 1 章干洗工艺，第 2 章喷涂工艺，第 3 章废水收集、处理及存储工艺，第 4 章聚酯树脂塑料产品制作工艺，第 5 章沥青铺路操作工艺，第 6 章溶剂脱脂工艺，第 7 章废溶剂回收工艺，第 8 章罐和桶的清洗工艺，第 9 章印刷工艺，第 10 章消费者溶剂用品，第 11 章纺织品印花工艺，第 12 章橡胶制品加工工艺。其中，重点对第 2 章喷涂工艺进一步细分子类别为非工业表面喷涂、一般工业表面喷涂、罐喷涂、电磁线喷涂、其他金属喷涂、平滑木质内墙板喷涂、纸张喷涂、支撑衬底的聚合喷涂、汽车和轻型载重卡车表面喷涂、压敏胶带和标签喷涂、金属线圈表面喷涂、大型设备表面喷涂、金属家具表面喷涂、磁带制作、商用机器的塑料部件表面喷涂等；第 9 章印刷工艺细分为一般图形印刷和书刊凹版印刷两种操作工艺。

参与本书翻译的人员及其负责的章节如下：第 1 章：沙莎；第 2 章：闵健；第 3 章：王赫婧；第 4 章：庄思源；第 5 章：于喆；第 6 章：梁睿；第 7 章：腾巍；第 8 章：罗霂；第 9 章：范真真；第 10 章：郎兴华；第 11 章：刘贺峰；第 12 章：王大壮。本书审校由王冬朴、蔡梅和吕巍完成。

本书的翻译得到了生态环境部相关领导的帮助与支持。

本书的翻译工作十分复杂，我们尽了最大努力，力求忠于原文，并试图尽量表述清晰达意。另外，原文为 20 世纪文稿，选用的多为历史数据，本书的国际单位制和英制数据取值均和原文保持一致，供读者参考。为了便于读者阅读，本书文后附加了英制和国际单位的换算表。鉴于译校者的知识面和水平有限，书中仍会有不当之处，望广大读者不吝指正，以供再版时修改。

编译者

2019 年 6 月

目　录

1 干洗工艺

1.1 概述[1-2]

干洗是指用非水有机溶剂清理织物，其过程包括 3 个步骤：（1）在溶剂中清洗织物；（2）旋转提取多余溶剂；（3）在热气流中翻转干燥。

工业中常用的清洗液有两种：石油溶剂和合成溶剂。石油溶剂（如 Stoddard 和 140-F）与煤油类似，也是价格低廉的可燃碳氢化合物混合物。在作业过程中使用石油溶剂的统称为石油类工厂。合成溶剂不易燃烧，属于价格较为昂贵的卤代烃。四氯乙烯和三氯三氟乙烷是现今常用的两种合成干洗溶剂，作业过程中使用这两种溶剂的分别叫作四氯类工厂和氟碳类工厂。

干洗机有两种基本类型：传送式和一体式。传送式干洗机是在独立的机器中分别完成洗涤和烘干。通常，在衣物传送到烘干机之前，洗衣机从中提取多余的溶剂，一些老式石油工厂有独立的提取器完成这个操作。一体式干洗机的所有洗涤、提取和烘干操作都在一整套设备中完成。所有石油溶剂干洗机都属于传送式；合成溶剂干洗机可以是一体式，也可以是传送式。

干洗行业分为三大类：投币设施、商业经营和工业清洗。投币设施通常是自助式为顾客提供干洗服务，只使用合成溶剂。这种干洗机较小，只能洗涤 3.6～11.5 kg 的衣物。

商业经营包括小型社区干洗店和特许经营干洗店，主要是为顾客清洗脏污衣物，通常使用四氯乙烯和石油溶剂。常规四氯厂使用洗涤容量为 14～27 kg 的洗衣机/提取器以及等容量的回收烘干机。

工业洗衣店是大型干洗厂，可为企业或工业提供制服、地垫、拖把等租赁服务。大约 50%的工业干洗设施都使用四氯乙烯。常规大型工业干洗机包含洗涤容量为 230 kg 的洗衣机/提取器和 3～6 个容量为 38 kg 的烘干机。

常规四氯厂流程如图 1-1 所示。虽然使用一个溶剂罐也可以，但四氯厂通常都使用两个溶剂罐用于洗涤；一个罐用来装纯溶剂，另一个用来装补充溶剂（在用过的溶剂中添加少量去垢剂协助清洗）。通常，衣物在补充溶剂中清洗，在纯溶剂中漂洗。清洗时还可能用到水浴。

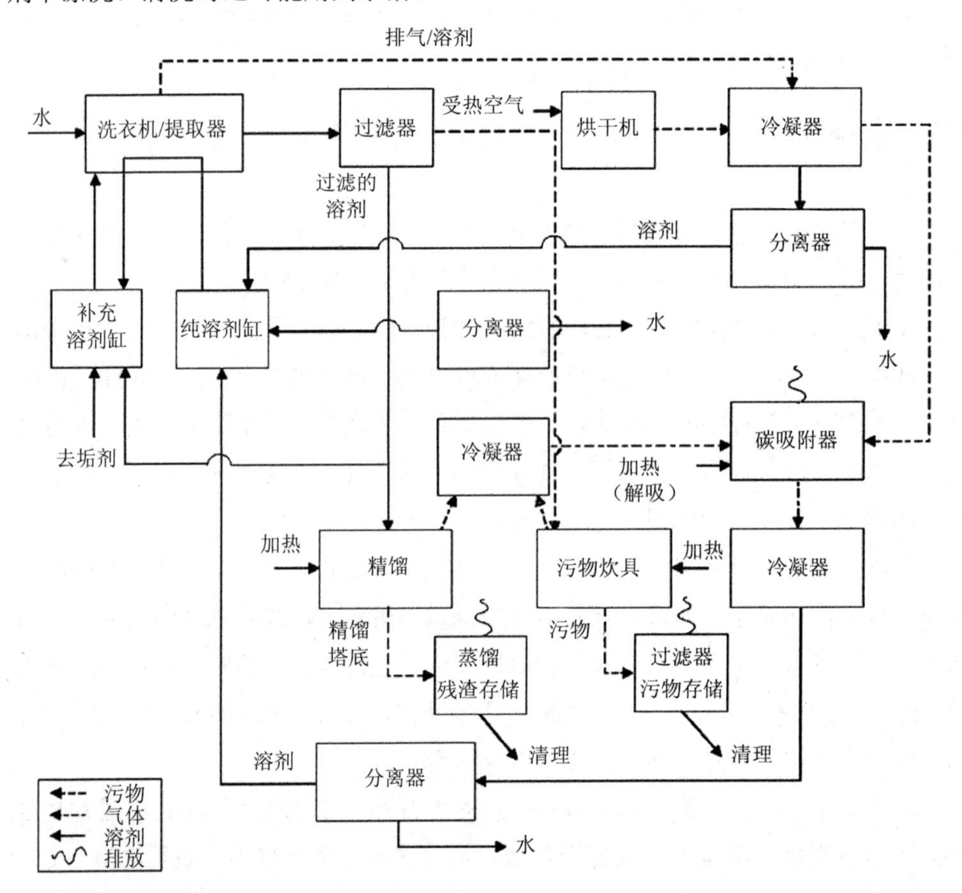

图 1-1 四氯乙烯干洗厂流程

洗涤衣物后，将用过的溶剂进行过滤。过滤后溶剂的一部分返回补充至溶剂缸，用来洗涤下一批衣物；剩余的溶剂则通过蒸馏去除油脂后返回至纯溶剂罐。

过滤器中收集的固体（污物）通常一天清除一次。处置之前，可经过“烹煮”污物回收部分溶剂。蒸馏器和污物烹煮炊具的蒸汽排至冷凝器和分离器，以便回收更多溶剂。在很多四氯类工厂，冷凝器尾气排入碳吸附装置来回收部分溶剂。

衣物洗涤后送至烘干机，在热气流中翻转。烘干机的废气和洗衣机/提取器的少量废气排至水冷凝器和脱水器。回收的溶剂返回纯溶剂存储罐。30%～50%的四氯厂，冷凝器尾气排入碳吸附装置来回收部分溶剂。要回收这些溶剂，设备必须用蒸汽定期解吸（通常是一天工作结束的时候）。解吸的溶剂和水被冷凝分离，回收的溶剂返回纯溶剂罐。

石油类工厂流程与图 1-1 的主要区别在于洗衣机和烘干机中没有溶剂回收，也没有污物炊具。氟碳涂料厂的不同之处在于使用的是无排气式制冷系统，而不是碳吸附装置；另一个不同之处是常规氟碳涂料厂可以使用筒式过滤器，在几百个周期后排水处理。

1.2 排放物及其控制[1-3]

溶剂本身就是干洗操作的主要排放物，通常会从洗衣机、烘干机、溶剂蒸馏、污物炊具、蒸馏余液、过滤污物存储区、渗漏管、凸缘和泵中泄漏。

石油类工厂通常不使用溶剂还原的方法，因为石油类工厂成本低廉，而且收集蒸汽会存在火灾隐患。但有些污染物的排放可以通过维护设备（防止线头积累和溶剂泄漏等）和使用得当的操作方式（如机械装置不过载）来控制。碳吸附和焚化对于石油类工厂在污染物控制技术上具有可行性，但成本较高。

由于四氯乙烯成本较高，四氯厂通常需要溶剂还原。如图 1-1 所示，可在洗衣机、烘干机、蒸馏和污物炊具中使用冷凝器、脱水器、溶剂分离器或碳吸附装置对溶剂进行回收。碳吸附装置中的溶剂以一天一次的频率用蒸汽解吸、从冷凝水中冷凝分离，然后返回纯溶剂存储罐。残余的溶剂从精蒸馏塔底排出，污物不会被回收。与石油类工厂类似，通过对所有设备进行维护和得当的操作方式，排放物就可以得到良好控制。

所有氟碳干洗机都是内置溶剂还原装置的密闭型一体机，可节约溶剂蒸气。但如果维护或操作不当，可能会导致排放增加。新式机型安装了制冷系统，用于从洗衣机或干洗机排气中还原溶剂。

干洗操作溶剂损耗排放因子参见表 1-1。

表 1-1　干洗操作溶剂损耗排放因子

排放因子等级：B

溶剂类型（所用工艺过程）	来源	排放率[a]	
		常规系统	得到妥善控制的系统
		kg/100 kg	kg/100 kg
石油溶剂（传送式工艺过程）	洗衣机/烘干机[b]	18	2[c]
	过滤处理		
	未烹煮（排水）	8	
	离心		0.5～1
	蒸馏余液处理	1	0.5～1
	杂项[d]	1	1
四氯乙烯（传送式工艺过程）	洗衣机/烘干机/蒸馏/污物炊具	8[e]	0.3[c]
	过滤处理		
	未“烹煮”的污物	14	
	“烹煮”过的污物	1.3	0.5～1.3
	筒式过滤器	1.1	0.5～1.1
	蒸馏余液处理	1.6	0.5～1.6
	杂项[d]	1.5	1
三氯三氟乙烷（一体式工艺过程）	洗衣机/烘干机/蒸馏[f]	0	0
	筒式过滤器处理	1	1
	蒸馏余液处理	0.5	0.5
	杂项[d]	1～3	1～3

[a] 参考文献 1-4。计量单位为溶剂重量/清洗衣物重量（容量×负载）。排放量可以根据消耗的溶剂数量估算。假定所有溶剂输入最终都逸散到大气中，消耗溶剂的排放因子可使用 1 000 kg/Mg。

[b] 清洗的衣物材料不同，溶剂用量也不同（合成纤维为 10 kg/100 kg；棉为 20 kg/100 kg；皮革为 40 kg/100 kg）。

[c] 洗衣机、烘干机、蒸馏和污物炊具的排放物全部通过碳吸附装置进行处理。

[d] 杂项来源包括凸缘、泵和存储罐的泄漏和固定损耗（如开关烘干机等）。

[e] 洗衣机、烘干机、蒸馏和污物炊具未控制排放物的平均值约为 8 kg/100 kg。洗衣机的溶剂排放约占 15%，烘干机占 75%，蒸馏和污物炊具分别占 5%。

[f] 基于氟碳涂料厂安装的常规制冷系统。

常规投币设施和商业经营工厂每年的排放低于 1 t。排放量估算的应用范围太广，无法具体到每个小型设施。针对大范围的估算，表 1-2 中的排放因子适用于投币设施和商业经营的干洗排放。

表 1-2 干洗工厂人均溶剂损耗排放因子[a]

排放因子等级：B

操作	排放因子	
商业经营	0.6 kg/（a·人）	1.9 g/（d·人）[b]
	−1.3 lb/（a·人）	−0.004 lb/（d·人）
投币设施	0.2 kg/（a·人）	0.6 g/（d·人）
	−0.4 lb/（a·人）	−0.001 lb/（d·人）

[a] 参考文献 2-4。所有非甲烷挥发性有机物。

[b] 假定每周 6 天操作日（313 d/a）。[译者注：此处年统计天数与表 2-1 中（312 d/a）略有不同，可统一修正为 312 d/a。]

1.3 参考文献

1. *Study To Support New Source Performance Standards For The Dry Cleaning Industry*，EPA Contract No. 68-02-1412，TRW，Inc.，Vienna，VA，May 1976.

2. *Perchloroethylene Dry Cleaners-Background Information For Proposed Standards*，EPA-450/3-79-029a，U.S. Environmental Protection Agency，Research Triangle Park，NC，August 1980.

3. *Control Of Volatile Organic Emissions From Perchloroethylene Dry Cleaning Systems*，EPA-450/2-78-050，U.S. Environmental Protection Agency，Research Triangle Park，NC，December 1978.

4. *Control Of Volatile Organic Emissions From Petroleum Dry Cleaners（Draft）*，Office Of Air Quality Planning And Standards，U.S. Environmental Protection Agency，Research Triangle Park，NC，February 1981.

2 喷涂工艺

2.1 非工业表面喷涂 [1, 3, 5]

2.1.1 概述

非工业表面喷涂工艺是表面喷涂技术在非制造领域的应用，分为建筑表面喷涂和汽车整修两大类。建筑表面喷涂涉及工业和非工业结构。汽车整修包含损坏或磨损的公路机动车表面抛光喷漆，而不含机动车在制造过程中的喷漆。

喷涂单一建筑表面或喷涂一辆汽车所产生的废气排放量是用总容量乘以特定的应用系数计算得出的。在一个面积较大的地理区域，该区域包含非工业表面喷涂技术的诸多主要和次要应用，若要估算喷涂所产生的废气排放量，就需要开发一种面源估算方法。对于一个面积较大的地理区域，建筑表面喷涂和汽车整修所产生的废气排放数据通常很难汇总。在喷涂操作所产生的废气排放量过大和/或无法得到可用资源来详细计算实际喷涂量时，可以按照活动中涉及的人数或员工数的一定比例估算排放量。表 2-1 显示了国家规定的排放数据系数并给出了建筑表面喷涂和汽车整修领域每个人或每个员工的排放量。

水彩颜料在建筑喷涂领域的使用减少了 VOC 的排放。当前消耗趋势显示，水彩建筑喷涂越来越多地取代了使用溶剂的喷涂。进行汽车整修的场所通常都封闭得不彻底，很难控制废气排放。如果在封闭良好的区域中进行汽车整修，就可以使用吸附器（活性炭）或加力燃烧室来实现废气排放的控制。据报道，活性炭的收集效率已达到 90%甚至更高。虽然水帘或注水口密封垫对于溶剂气体的挥发影响很小甚至没有任何影响，但却被广泛用于阻挡油漆喷涂产生的微粒排放。

表 2-1 有关建筑表面喷涂和汽车整修所产生的 VOC 的国家规定排放量和排放因子[a]

排放因子等级：C

排放量	建筑表面喷涂	汽车整修
国家规定		
Mg/a（ton/a）	446 000（491 000）	181 000（199 000）
人均		
kg/a（lb/a）	2.09（4.6）	0.84（1.9）
g/d（lb/d）	5.8（0.013）[b]	2.7（0.006）[c]
每个员工		
Mg/a（ton/a）	ND	2.3（2.6）
kg/d（lb/d）	ND	7.4（16.3）[c]

[a] 参考文献 3、5-8。所有的非甲烷有机物。ND 表示无数据。

[b] 参考文献 8。计算方式为：用 kg/a（lb/a）除以 365 d，并转换为相应的单位。

[c] 假定每周 6 天操作日（312 d/a）。

2.1.2 参考文献

1. *Air Pollution Engineering Manual*，Second Edition，AP-40，U.S. Environmental Protection Agency，Research Triangle Park，NC，May 1973. Out of Print.

2. *Control Techniques For Hydrocarbon And Organic Gases From Stationary Sources*，AP-68，U.S. Environmental Protection Agency，Research Triangle Park，NC，October 1969.

3. *Control Techniques Guideline For Architectural Surface Coatings（Draft）*，Office Of Air Quality Planning And Standards，U.S. Environmental Protection Agency，Research Triangle Park，NC，February 1979.

4. *Air Pollutant Emission Factors*，HEW Contract No. CPA-22-69-119，Resources Research Inc.，Reston，VA，April 1970.

5. *Procedures For The Preparation Of Emission Inventories For Volatile Organic Compounds，Volume I*，Second Edition，EPA-450/2-77-028，U.S. Environmental Protection Agency，Research Triangle Park，NC，September 1980.

6. W. H. Lamason，“Technical Discussion Of Per Capita Emission Factors For Several Area Sources Of Volatile Organic Compounds”，Technical Support Division，U.S. Environmental Protection Agency，Research Triangle Park，NC，March 15，1981. Unpublished.
7. *End Use Of Solvents Containing Volatile Organic Compounds*，EPA-450/3-79-032，U.S. Environmental Protection Agency，Research Triangle Park，NC，May 1979.
8. Written communications between Bill Lamason and Chuck Mann，Technical Support Division，U.S. Environmental Protection Agency，Research Triangle Park，NC，October 1980，and March 1981.

2.2 通用工业表面喷涂[1-4]

2.2.1 工艺过程说明

表面喷涂是将装饰性材料或防护材料以液体或粉末的形式喷涂在物体的底层。这些涂料通常包括一般的溶剂型颜料、油漆、亮漆和水稀释漆。采用刷漆、滚漆、喷漆、浸漆和淋漆等多种方式喷涂表面后，要让表面风干和/或加热烘干，消除喷涂表面的挥发性溶剂。粉末型涂料可以用在热表面，或者可以溶化后以流体形式喷涂在物体表面。其他涂料可通过红外线或电子束系统热疗法聚合后喷涂在物体表面。

喷涂工艺

表面喷涂工艺有两种，即“不受约束”喷涂和“受约束”喷涂。不受约束喷涂工艺能够满足各种制造商的规格要求，达到订单标准，与受约束喷涂工艺相比，能够更加灵活地处理喷涂和溶剂频繁变化的状况。而受约束的喷涂工艺要在单一设施内部进行产品制造和喷涂，可以使用相同的溶剂连续操作。不受约束与受约束的喷涂工艺在适用于喷涂生产线的排放控制系统上有所不同，因为在不受约束的情况下，并不是所有的控制在技术上都是可行的。

喷涂规格

为便于处理和应用，传统喷涂包含至少 30%浓度的溶剂，通常包含 70%～80%的溶剂。这些溶剂可以是挥发性的乙醚、醋酸盐、芳香族、苯醚、脂肪烃的一种成分和/或这些成分与水的混合物。溶剂浓度低于 30%的喷涂称为低溶剂喷涂或

“高固态”喷涂。

目前市场上出现了一种替代喷涂技术，称为水性喷涂，包括 3 种类型：水乳化液、水溶性和胶体分散液以及电喷涂液。水与乳化和分散涂料中的溶解有机物的常见比例为 80∶20 和 70∶30。

包含两个组分且要烘干的催化涂料、粉末涂料、热熔涂料，以及要经过辐射（紫外线和电子束）的涂料实质上不得包含任何 VOC，尽管一些单体有机物和其他较低分子量有机物可能是易挥发的。

根据产品要求和喷涂的材料，可能要对表面进行一层或多层喷涂。第一层喷涂要覆盖表面瑕疵或确保涂料的附着。中间的喷涂通常是上色、加纹理或印记，往往要加透亮的保护面漆。尽管预期用途和待涂覆材料决定了喷涂中所用的化合物和树脂，但一般涂层类型与所述涂层类型并没有区别。

喷涂应用程序

传统喷涂是气雾形式，通常是手动操作，是最易挥发的喷涂方法之一。可以灵活改变颜色，也可以在许多操作情况下涂出各种大小和形状的图案。传统的、催化的或水性的涂料可以在图案很少修改的情况下使用。这种喷涂操作的缺点是效率太低，空气压缩机的能耗要求太高。

在无空气热喷涂中，油漆是从喷雾嘴喷出的。由于容积流较少，喷出量也会相应地减少。此外，需要的溶剂较少，因此会减少挥发性有机物的排出。必须注意的是，要正确控制喷涂流量，避免喷嘴口阻塞和磨损。

对于低黏度涂料，静电喷涂是最有效的方式。带电涂料粒子被吸附到带相反电荷的表面。可以使用喷枪、转盘或钟状喷雾器来喷射涂料。应用效率可达到 90%～95%，油漆包裹程度和边缘喷涂效果都很好。但是，内壁和凹入表面很难喷涂。

滚涂技术用于在平坦的表面涂漆和涂墨。如果圆柱形滚子与要喷涂的表面沿同一方向移动，系统就称为正转辊喷涂机，如果二者的旋转方向相反，则称为逆转辊喷涂机。可以在任何平坦的表面高效、均匀且高速地进行喷涂。印刷和装饰压纹是采用正转辊实现的。逆转辊用于将填充涂料嵌入多孔或坑洼衬料（包括纸张和织物）中，使得表面平滑均匀。

刮刀涂色的成本相对较低，但不适合给不稳定的材料上色，如针织品，或者在对涂层厚度的准确度要求很高时也不适合。

轮转凹版印刷技术广泛用于给含有乙烯基的仿皮和墙纸涂色，以及在打印的图案上加一层透明保护层。在轮转凹版印刷中，图像区域相对于刻有图像的镀铜圆筒是凹陷的（称为“阴刻”）。在雕刻区域中上墨，用刮墨刀刮去非图像区域中过量的墨。将图像直接传输到纸张或其他衬料（即卷筒进纸），然后烘干产品。

浸涂技术要求将物体表面浸入染料池中。对于给形状不规则的物品或体积巨大的物品涂色，以及给物品涂底色，浸涂技术是非常有效的。

在淋漆技术中，将要涂色的材料传输到染料流中，通过多个喷嘴将染料流定向到物体表面，无须进行雾化，随后在一个水槽中回收这些染料。使物体的表面以一定的控制率通过流量恒定的染料帘，可以稳定且紧密地控制膜厚度。

2.2.2 排放物及其控制

基本上，表面喷涂行业排出的所有挥发性有机物都是在染色流程中由溶剂产生的，这些溶剂用于稀释喷涂设备中的染料或用于清洁。所有未回收的溶剂均可被视为可能的排放物。单体和低分子量有机物可能会从不包含溶剂的喷涂流程中排出，但是这类排出物基本上可以忽略不计。

对于在未控制的设备中进行表面喷涂，假定喷涂中排出的所有物质均为挥发性有机物，排放量是可以估算出来的。通常，喷涂消耗量是可获知的，有关喷涂类型和溶剂类型的一些信息也是可以获得的。选择特定的排放因子取决于可用的喷涂数据。如果没有针对喷涂技术给出特定的信息，则可以根据表 2-2 中的数据估算出排放量。

单独购买、作为表面喷涂工艺中使用且后续不进行回收的所有溶剂均被视为可能的排放物来源。喷涂设备中排出的这类挥发性有机物可能是由于在现场用溶剂稀释涂料、在淋漆工艺中和在某些浸染情况下所需的“上色溶剂”，以及用于清洁的溶剂中产生的。可以在染料中加点上色溶剂，弥补色彩、浓度或数量的不足，进而将喷涂规格恢复到工作指标。应该将溶剂排放物添加到喷涂工艺中产生的挥发性有机物排放中，进而得到喷涂设备中产生的排放总量。

表 2-2 适用于未控制的表面喷涂工艺的挥发性有机物排放因子[a]

排放因子等级：B

有关喷涂的可用信息	挥发性有机物排放[b] kg/L（lb/gal）[c]
传统染料或水性染料：	
VOC，重量百分比（d）	d·（喷涂浓度）/100
或	
VOC，体积百分比（V）	V·（溶剂浓度）/100
水性染料：	
X = VOC，占挥发物总量的重量百分比，包括水	
d = 挥发物总量，重量百分比	$d \cdot X$·（喷涂浓度）/100
或	
Y = VOC，占挥发物总量的体积百分比，包括水	
V = 挥发物总量，体积百分比	$V \cdot Y$·（溶剂浓度）/100

[a] 根据材料平衡性，假定排放的全部都是挥发性有机物成分。

[b] 出于特殊目的，可能需要用到不含水的喷涂比重因子，表示为 kg/L，计算公式如下：

$$\frac{\text{涂料（kg/L）}}{1-(\text{水的体积百分比}/100)}=\text{不含水涂料（kg/L）}$$

[c] 如果喷涂浓度是未知的，则使用表 2-3 中给出的常见浓度；如果溶剂浓度是未知的，则喷涂中使用的溶剂浓度为 0.88 kg/L（7.36 lb/gal）。

表 2-3 喷涂工艺中的常见密度和固体含量[a]

喷涂类型	密度		固体（体积百分比）/%
	kg/L	lb/gal	
瓷釉，风干	0.91	7.6	39.6
瓷釉，烘干	1.09	9.1	42.8
丙烯酸瓷釉	1.07	8.9	30.3
醇酸树脂瓷釉	0.96	8.0	47.2
头二道混合底漆	1.13	9.4	49.0
底漆，环氧	1.26	10.5	57.2
清漆，烘干	0.79	6.6	35.3
亮漆，喷涂	0.95	7.9	26.1
乙烯基，滚涂	0.92	7.7	12.0
聚氨酯	1.10	9.2	31.7
着色剂	0.88	7.3	21.6
密封剂	0.84	7.0	11.7

喷涂类型	密度		固体（体积百分比）/%
	kg/L	lb/gal	
电磁线瓷釉	0.94	7.8	25.0
纸张喷涂	0.92	7.7	22.0
织物喷涂	0.92	7.7	22.0

[a] 参考文献 1。

表 2-4 给出了常见的控制效率范围。排放控制通常分为 3 种类型：颜料配方修改、流程更改或附加控制。这些内容将在之后的章节中进一步论述。

表 2-4 表面喷涂工艺的控制效率 [a]

控制选项	降低百分比 [b]/%
取代水性喷涂	60～95
取代低溶剂喷涂	40～80
取代粉末喷涂	92～98
添加加力燃烧室/焚化炉	95

[a] 参考文献 2-4。

[b] 表示未控制的总排放量的百分比。

2.2.3 参考文献

1. *Controlling Pollution From the Manufacturing And Coating Of Metal Products：Metal Coating Air Pollution Control*，EPA-625/3-77-009，U.S. Environmental Protection Agency，Cincinnati，OH，May 1977.

2. H. R. Powers，“Economic And Energy Savings Through Coating Selection”，The Sherwin-Williams Company，Chicago，IL，February 8，1978.

3. *Air Pollution Engineering Manual*，Second Edition，AP-40，U.S. Environmental Protection Agency，Research Triangle Park，NC，May 1973. Out of Print.

4. *Products Finishing*，*41*（6A）：4-54，March 1977.

2.3 罐喷涂 [1-4]

2.3.1 工艺过程说明

罐可以用一个长方形薄铁片卷成圆筒（中空）和两个圆形底盖来制成（三件式罐），也可以先画出一个浅杯形状，然后用金属片加工出这样一个浅杯，装满罐后外加一个盖来制成（两件式罐）。罐的喷涂操作主要差异取决于罐的类型和内部包装的产品。图 2-1 描绘了三件式罐的喷印工艺。

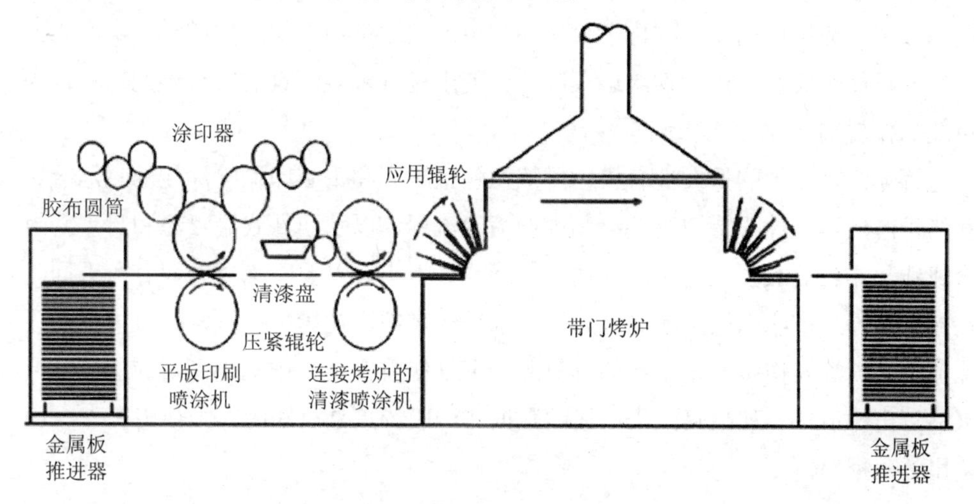

图 2-1 三件式罐壳喷印工艺

有两种罐喷涂工艺，即“不受约束”喷涂和“受约束”喷涂。前者能够满足客户的规格要求，达到订单标准。后者要求在一个设备内部对组装好的产品的金属面进行喷涂。一些罐喷涂工艺涉及“不受约束”喷涂和“受约束”喷涂两种，而有些工厂只负责组装罐盖。

三件式罐制作涉及金属片喷涂和罐组装。金属片喷涂包括喷底色，以及喷印或平版印刷，随后要在 220℃（425℉）的温度下弯曲成形。将金属片卷成圆筒时，通常要给接缝喷涂，保护暴露的金属。如果罐中装的是食品，要给内壁喷漆，还要在 220℃（425℉）的温度下烘烤。

两件式罐大多数为啤酒和其他饮料行业使用。可以采用逆转辊涂色方式将外壁涂成白色，然后在170～200℃（325～400℉）的温度下烘烤。在罐绕轴旋转时，将各种油墨颜色转移（有时通过平版印刷技术实现）到罐上。可以在油墨上面辊涂一层保护清漆。然后在温度设定在180～200℃（350～400℉）的单路或多路烤炉中烘烤。罐的内壁喷涂，底端外部喷涂和/或辊涂。最后在110～200℃（225～400℉）的温度下烘烤，完成整个流程。

2.3.2 排放物及其控制

罐喷涂操作中产生的排放物取决于涂料的组成成分、喷涂面积、喷涂厚度和喷涂效率。应用后期产生的化学变化和非溶剂型污染物（如烤炉燃料燃烧产生的物质）可能也会影响排放物的组成成分。使用过且未被回收的所有溶剂均可视为可能的排放物。

罐喷涂中产生的挥发性有机物排放源包括罐壳和平版印刷喷涂线的喷涂区域和烤炉区域、三件式罐边沿接缝和内壁喷涂流程，以及两件式罐喷涂和封盖密封合成线。排放等级会随着生产线速度、罐或壳大小，以及喷涂类型而有所不同。在罐壳喷涂生产线上采用滚涂方式，大部分溶剂都会在烤炉中蒸发。对于其他喷涂流程，喷涂操作本身是主要的排放源，可以使用表2-5中的因子对应的喷涂量来估算出排放量。如果喷涂生产线的数据和一般特点是已知的，则使用表2-5中给出的数据。

焚化以及使用水性和低溶剂涂料都可以减少有机气体排放。其他在技术上可行的控制选项，如静电粉末喷涂，目前不适用于整个行业，也可以使用催化焚化炉和热焚化炉。底漆、背漆（卷筒反面或背面的喷漆）以及一些光泽度较低或中等的水性面漆已研制出来，与适合铝制品的有机溶剂涂料性能是等同的，但是尚未全面应用于所有领域。适用于其他金属制品的水性涂料正在研制中。

可用的控制技术包括使用附加设备，如焚化炉、碳吸附器，以及转换为低溶剂和紫外线固化涂料。热焚化炉和催化焚化炉均可用于控制三件式罐壳底色喷涂线、罐壳平版印刷喷涂线和内壁喷涂所产生的排放量。焚化适用于两件式罐喷涂线。碳吸附最适合溶剂数量有限的低温流程，这类流程包括两件式和三件式罐内壁喷涂、两件式罐盖密封合成线，以及三件式罐边沿接缝喷涂。

表 2-5 罐喷涂流程的挥发性有机物排放因子[a]

排放因子等级：B

流程	喷涂流水线产生的常见排放物[b]		喷涂机区域产生的估计部分/%	烤炉产生的估计部分/%	常见的有机排放物[c]	
	kg/h	lb/h			Mg/a	ton/a
三件式罐壳底色喷涂线	51	112	9～12	88～91	160	176
三件式罐壳平版印刷喷涂线	30	65	8～11	89～92	50	55
三件式啤酒和饮料罐——边沿接缝喷涂流程	5	12	100	风干	18	20
三件式啤酒和饮料罐——内壁喷涂流程	25	54	75～85	15～25	80	88
两件式罐喷涂线	39	86	ND	ND	260	287
两件式罐封盖密封合成线	4	8	100	风干	14	15

[a] 参考文献 3。ND 表示无数据。

[b] 根据生产线速度、罐大小或喷涂的罐壳、使用的喷涂类型，有机溶剂排放量将会有所不同。

[c] 基于正常操作条件。

低溶剂喷涂尚不能取代罐行业中目前使用的所有有机溶剂喷涂。水性底漆已成功应用于两件式罐生产。粉末喷涂技术用于非接合三件式罐的边沿接缝喷涂。

紫外线固化技术可用于快速烘干三件式罐壳平版印刷喷涂线上的前两道油印色彩。

表 2-6 中显示了罐喷涂生产线各种控制技术的效率。

表 2-6 罐喷涂生产线的控制效率[a]

受影响的设备[b]	控制选项	减少程度[c]/%
两件式罐生产线		
外壁喷涂	热焚化和催化焚化	90
	水性和高固态喷涂	60～90
	紫外线固化	≤100
内壁喷涂	热焚化和催化焚化	90
	水性和高固态喷涂	60～90
	粉末喷涂	100
	碳吸附	90

受影响的设备[b]	控制选项	减少程度[c]/%
三件式罐生产线		
罐壳喷涂生产线		
外壁喷涂	热焚化和催化焚化	90
	水性和高固态喷涂	60～90
	紫外线固化	≤100
内壁喷涂	热焚化和催化焚化	90
	水性和高固态喷涂	60～90
罐组装生产线		
边沿接缝喷涂	水性和高固态喷涂	60～90
	粉末喷涂（仅适用于未接合的接缝）	100
内壁喷涂	热焚化和催化焚化	90
	水性和高固态喷涂	60～90
	粉末喷涂（仅适用于未接合的接缝）	100
	碳吸附	90
封盖喷涂生产线		
密封合成	水性和高固态喷涂	70～95
罐壳喷涂	碳吸附	90
	热焚化和催化焚化	90
	水性和高固态喷涂	60～90

[a] 参考文献 3。

[b] 金属圈喷涂线由喷涂机、烤炉和淬火区域组成。罐壳、罐和端线喷涂线由喷涂机和烤炉组成。

[c] 与不添加任何稀释剂的传统溶剂底色喷涂相比较。

2.3.3 参考文献

1. T. W. Hughes，*et al.*，*Source Assessment：Prioritization Of Air Pollution From Industrial Surface Coating Operations*，EPA-650/2-75-019a，U.S. Environmental Protection Agency，Cincinnati，OH，November 1975.

2. *Control Of Volatile Organic Emissions From Existing Stationary Sources*，*Volume I：Control Methods For Surface Coating Operations*，EPA-450/2-76～028，U.S. Environmental Protection Agency，Research Triangle Park，NC，May 1977.

3. *Control Of Volatile Organic Emissions From Existing Stationary Sources*，*Volume II：Surface Coating Of Cans*，*Coils*，*Paper Fabrics*，*Automobiles*，*And Light Duty Trucks*，EPA-450/2-77-008，

U.S. Environmental Protection Agency；Research Triangle Park，NC，May 1977.

4. *Air Pollution Control Technology Applicable To 26 Sources Of Volatile Organic Compounds*, Office Of Air Quality Planning And Standards，U.S. Environmental Protection Agency，Research Triangle Park，NC，May 27，1977. Unpublished.

2.4 电磁线喷涂[1]

2.4.1 工艺过程说明

电磁线喷涂是指为电机中使用的铝线或铜线喷涂电绝缘漆或彩釉。通常，电线是在大型工厂内铺设开，在绝缘环境下进行喷涂的，然后出售给电气设备制造商。电线喷涂必须达到严格的电、热和磨损规格。

图 2-2 显示了常见的电线喷涂操作。电线从线轴中展开后要经过退火炉进行处理。退火的目的是软化电线，并烧掉油污使电线变干净。通常情况下，电线随后要经过涂敷器中的一个染缸，然后穿过一个孔或喷涂冲模，刮掉表面多余的涂料。然后在两区烤炉中先后进行 200℃和 430℃（400℉和 806℉）的烘干和固化。电线最多可以经过涂敷器和烤炉 12 次，以达到必要的喷涂厚度。

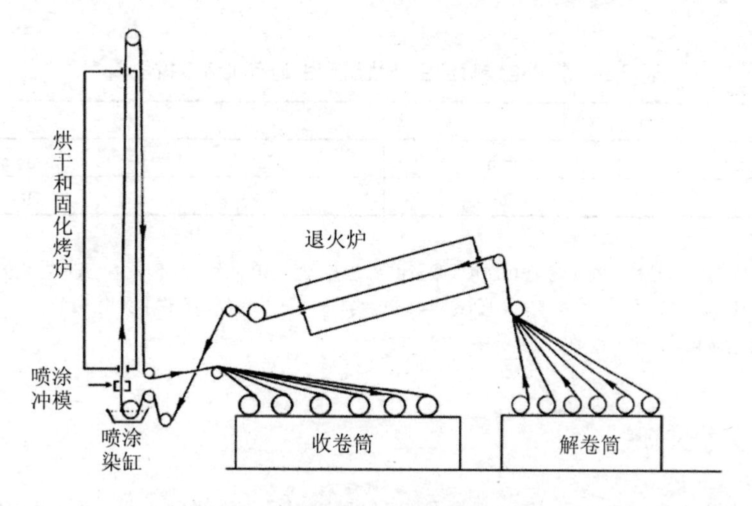

图 2-2 电线喷涂生产线的排放点

2.4.2 排放物及其控制

电线喷涂操作中产生的排放物取决于涂料的组成成分、喷涂厚度和喷涂效率。应用后期产生的化学变化和非溶剂型污染物（如烤炉燃料燃烧产生的物质）可能也会影响排放物的组成成分。使用过且未被回收的所有溶剂均可视为可能的排放物。

在电线喷涂工厂中，烤炉中排放的气体是最重要的溶剂排放源。涂敷器中排放的物质数量相对较低，因为使用的是浸涂技术（见图 2-2）。

如果涂料使用量已知，并且喷涂机没有控件，则可以根据表 2-2 中给出的因子估算 VOC 的排放量。1960 年以来构造的大多数电线喷涂机都有控件，因此图 2-2 中的信息可能不适用。

焚烧是唯一常用的控制电线涂层作业排放的技术。1960 年以来，出于经济利益的考虑，所有主要的电线喷涂设计师都将催化焚化炉并入了烤炉设计中。内部催化焚化炉燃烧溶剂产生烟雾并使热量循环回到电线烘干区域。此外，烤炉操作所需的燃料也被消除或大大削减了，成本同样也大大降低了。实际上，烤炉中产生的所有溶剂型排放物均可导入焚化炉，燃烧效率至少可达到 90%。

紫外线固化喷涂可用于特殊体系，碳吸附却并不适用。使用低溶剂喷涂只是可以起到控制作用，因为其特性尚不能达到行业要求。

表 2-7 常见电线喷涂生产线所产生的有机溶剂排放量[a]

喷涂生产线[b]		年度总量[c]	
kg/h	lb/h	Mg/a	ton/a
12	26	84	93

[a] 参考文献 1。

[b] 根据电线尺寸和运行速度、每个烤炉中的电线数量以及电线经过烤炉的次数，不同生产线所产生的有机溶剂排放量会有所不同。常见的生产线每天可以喷涂 544 kg 电线。一个工厂可能拥有许多条生产线。

[c] 基于一条不含焚化炉的生产线的常见操作条件是 7 000 h/a。

2.4.3 参考文献

1. *Control Of Volatile Organic Emissions From Existing Stationary Sources，Volume IV：Surface Coating For Insulation Of Magnet Wire*，EPA-450/2-77-033，U.S. Environmental Protection Agency，

Research Triangle Park, NC, December 1977.

2. *Controlled And Uncontrolled Emission Rates And Applicable Limitations For Eighty Processes, EPA Contract Number 68-02-1382, TRC Of New England, Wethersfield*, CT, September 1976.

2.5 其他金属喷涂 [1-4]

2.5.1 工艺过程说明

大型装备、金属家具，以及各种金属零件和产品喷涂线的许多操作工艺都是相同的，排放量和排放点也很类似，也都具备可用的控制技术。图 2-3 显示了常见的金属产品喷涂线。

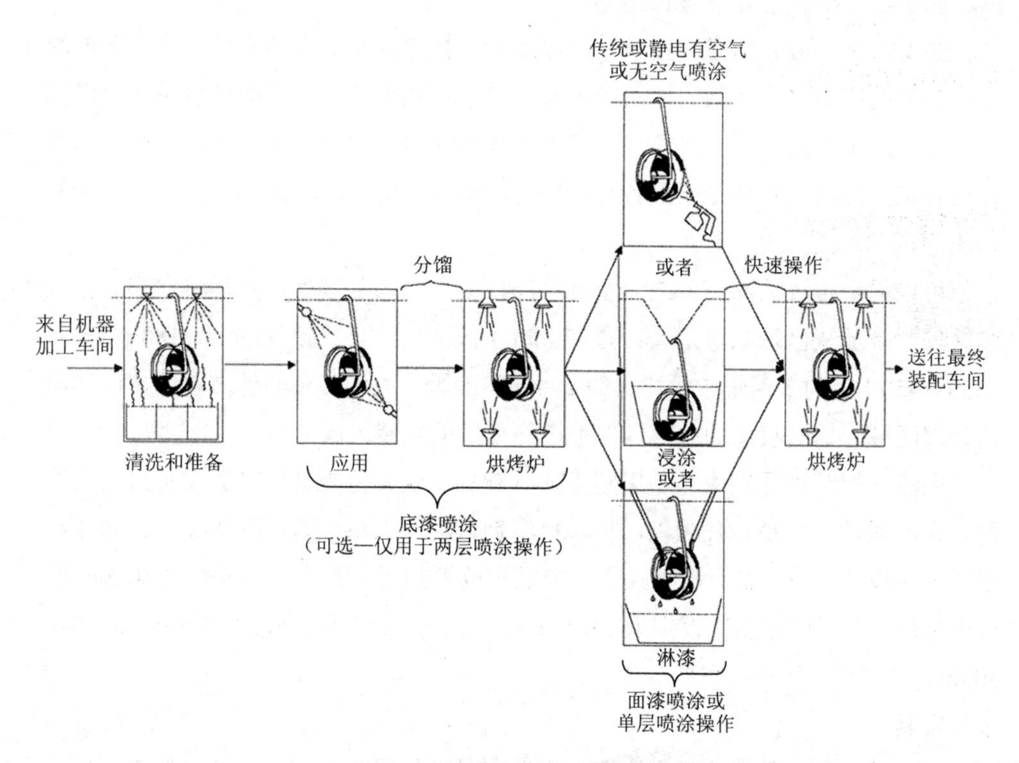

图 2-3 金属产品喷涂线排放点

大型装备包括门、箱子、盖子、面板，以及洗衣机、烘干机、炉灶、冰箱、冰柜、热水器、空调和相关产品的内部支持零件。金属家具包括针对家用、商用或机构使用而制造的室外和室内装备。这里的“各种零件和产品”表示大型和小型农业机械、小型装备、商业和工业机械、组装的金属产品，以及按照标准工业分类（Standard Industrial Classification，SIC）代码33—39的规定进行喷涂的其他行业金属零件。

大型装备

大型装备喷涂的材料通常是用作底漆或单面喷漆的环氧树脂、环氧丙烯酸酯或聚酯磁漆，以及用作面漆的丙烯酸磁漆。也会用到包含醇酸树脂的涂漆。底漆和内部单面漆的比例是25%～36%。面漆和外部单面漆的比例是30%～40%。可以用亮漆来改善组装过程中出现的任何划痕。喷漆包含2～15种溶剂，通常有酯、酮、脂肪类、醇、芳烃、醚和烯等。

小型零件一般采用浸涂技术，淋涂或喷涂技术用于较大的零件。浸涂和淋涂要在密闭的房间进行，采用屋顶风扇或连接了排水板或下水道的排放系统实现排气或排污。下吸式或侧吸式喷漆室可以去除底漆喷涂过程中因喷涂过量产生的气体或有机挥发物。喷漆室还配备有干燥过滤器或水洗机，可滤掉过量喷涂产生的物质。

可以采用传统喷涂设备或无空气喷涂设备手动修复零件。然后将它们送往分馏区域（开放式区域或坑道）经过7 min的处理，并在温度设定为180～230℃（350～450℉）的多路炉中烘烤大约20 min。至此，大型装备的外部零件被送往面漆处理区域，单面喷涂的内部零件被送往工厂的组装区域。

面漆（有时也是底漆）是用圆盘式、旋杯式或其他类型的喷涂设备自动喷涂的。面漆通常不只是一种颜色，将颜料溶剂自动冲入系统即可改变颜色。面漆和喷漆区域设计完善，带有侧吸式或下吸式排放控制阀。零件要经过大约10 min的分馏处理，随后要在温度设定为140～180℃（270～350℉）的多路炉中烘烤20～30 min。

金属家具

大多数金属家具喷漆都是磁漆，不过有时也使用亮漆。最常见的喷漆是醇酸树脂、环氧树脂和丙烯酸树脂，其中同样包含大型装备喷涂中使用的溶剂，浓度为 25%～35%。

在通常的金属家具喷涂线（见图 2-3）上，底漆的喷涂方法与大型装备所使用的方法是相同的，不过处理温度可能会稍微低一些，为 150～200℃（300～400℉）。面漆通常仅为一道漆，是用静电喷涂装置或传统的无空气或有空气喷涂装置进行喷涂的。与大型装配操作相反，大多数喷涂操作都是手动进行的。一般情况下，如果工厂的喷涂线仅使用 1 种或 2 种颜色，执行的就是淋涂或浸涂。

喷涂好的家具通常要进行烘干，但是在有些情况下是风干。如果要进行烘干，则要通过分馏区域进入温度设定为 150～230℃（300～450℉）的多区域烤箱中进行烘烤。

其他金属零件和产品

磁漆（浓度为 30%～40%）和亮漆（浓度为 10%～20%）用于喷涂其他金属零件和产品，不过，相比之下磁漆更加常用。通常，购买涂料时选择较高浓度的试剂，在使用前进行稀释（常使用芳烃溶剂混合物）。醇酸树脂通常很受工业和农业机械制造商的青睐。大多数涂料包含多种（最多 10 种）不同的溶剂，包括酮、酯、醇、脂肪类、醚、芳烃和烯等。

单面或双面喷涂应用于输送机或批量操作中。单面喷涂通常使用喷涂技术。如果仅使用 1 种或 2 种颜色，则可以使用淋涂和浸涂技术。对于双面喷涂操作，如果是底漆，通常使用淋涂或浸涂技术；如果是面漆，则使用喷涂技术，静电喷涂十分常见。喷漆室和区域保持轻微负压状态，以便很好地捕获因喷涂过量产生的物质。

对于大型设备，如工业和农业机械，可以手动执行双面喷涂操作。大型产品的喷漆通常是风干，而不是烤箱烘干，因为机械在完整组装时包括热敏感材料，而且可能会太大无而法在烤箱中烘烤。其他零件和产品可以在温度设定为 150～230℃（300～450℉）的单路或多路烤箱中烘烤。

2.5.2 排放物及其控制

VOC 是从应用和分馏区域以及金属喷涂线（见图 2-3）的烤箱中排出的。喷涂线中的排放物成分会根据物理构造、喷涂方法和使用的喷涂类型而有所不同，但是各个操作中的排放物的分布相对稳定，无论喷涂线的类型或喷涂的具体产品如何，均是如此（见表 2-8）。使用的所有溶剂都可被视为可能的排放源。如果涂料使用量已知，则可以根据表 2-2 中给出的因子计算出排放量。如果仅提供工厂的一般说明，则可以根据表 2-8 中给出的因子计算出排放量。对于清洗和预处理区域中产生的排放量，请参见第 6 章“溶剂脱脂工艺”。

表 2-8　典型金属喷涂工厂的排放因子 [a]

排放因子等级：B

工厂类型	生产率	排放量		估算排放量/%	
		Mg/a	ton/a	应用和分馏	烤箱
大型装备					
底漆和面漆喷涂	768 000 单元/a	315	347	80	20
金属家具 [b]					
单面喷涂 [c]	48×10^6 ft^2/a	500	550	65～80	20～35
单面浸涂 [d]	23×10^6 ft^2/a	160	176	50～60	40～50
其他金属产品 [b]					
输送机单面淋涂 [d]	16×10^6 ft^2/a	111	122	50～60	40～50
输送机浸涂	16×10^6 ft^2/a	111	122	40～50	50～60
输送机单面喷涂 [e]	16×10^6 ft^2/a	200	220	70～80	20～30
输送机双面淋涂和喷涂	16×10^6 ft^2/a	311	342	60～70	30～40
输送机双面浸涂和喷涂	16×10^6 ft^2/a	311	342	60～70	30～40
输送机双面喷涂	16×10^6 ft^2/a	400	440	70～80	20～30
双面手动喷涂和风干	8.5×10^6 ft^2/a	212	223	100	0

[a] 参考文献 1-4。

[b] 根据喷涂面积估算，假定干法喷涂厚度为 1 mil，喷涂溶剂的比例为 75%，喷涂粉末的比例为 25%，适当的传输效率（Transfer Efficiency，TE），并且溶剂浓度为 0.88 kg/L（7.36 lb/gal）。使用的公式为：

$$E\text{（tons/a）} = 2.29\times10^{-6}\ \text{喷涂面积（ft}^2\text{）}\times\frac{V}{100-V}\times\frac{1}{\text{TE}}$$

或

$$E\text{（Mg/a）} = 2.09\times10^{-6}\ \text{喷涂面积（ft}^2\text{）}\times\frac{V}{100-V}\times\frac{1}{\text{TE}}$$

式中：V——VOC 的比例，%。

[c] 传输效率假定为 60%，假设喷涂机使用手动静电设备。

[d] 淋涂和浸涂传输效率假定为 90%。

[e] 传输效率假定为 50%，假设喷涂机使用静电设备，喷涂的产品规格和配置范围很广。

使用粉末涂料（几乎不包含任何挥发性有机物）修改某些金属产品的喷涂效果时，排放量会大大降低。粉末涂料在某些大型装备内部零件上用作单面漆，以及作为一些炉灶的面漆。粉末涂料还用在金属床和椅子框架、隔板和体育场座位上。粉末涂料一直用作小型装备、小型农业机械、金属加工制品零件以及工业机械组件的单面漆。通常，操作方法是手动操作或自动静电喷涂。

通过提高传输效率，可以降低排放量。此类技术之一是喷涂中的静电应用。另一种技术是使用水性涂料进行浸涂。例如，许多大型装备制造商现在使用电沉积技术给外部零件上底漆以及给内部零件上单面漆，因为这种技术可以增加对洗涤剂的防腐和耐腐性。这些水性涂料的电沉积技术也被用在许多金属家具喷涂工厂和一些农业、商业机械以及金属加工制品领域。

自动静电喷涂最为有效，但是也可以使用传统的手动方法。对于一些其他零件，可以选择辊涂方法。较高比例的固态涂料喷涂技术比较成熟，可以大大降低挥发性有机物的排放量。

从技术层面看，碳吸附适宜收集底漆、面漆和单面漆应用和分馏区域中产生的排放物。但是，如何过滤产生的黏性涂料颗粒却是个棘手的问题，通常不能使用吸附器。

焚化技术用于减少大型装备、金属家具和其他产品在烘烤箱中烘干时产生的有机气体排放物，可用来控制应用和分馏区域中产生的排放量。

表 2-8 给出了大型装备、金属家具和其他金属部件喷涂线的排放因子，表 2-9 给出了对应的估算控制效率。

表 2-9 金属喷涂线的估算控制效率[a]

控制技术	应用			有机物排放量减少程度/%		
	大型装备	金属家具	其他	大型装备	金属家具	其他
粉末	面漆、外部或内部单面漆	面漆或单面漆	烤箱烘烤，单面漆或面漆	95～99[b]	95～99[b]	95～98[c]
水性（喷涂、浸涂、淋涂）	所有应用	底漆、面漆或单面漆	烤箱烘烤，单面漆、底漆和面漆；风干，底漆和面漆	70～90[b]	60～90[b]	60～90[c]
水性（电沉积）	底漆或内部单面漆	底漆或单面漆	烤箱烘烤，单面漆和底漆	90～95[b]	90～95[b]	90～95[c]

控制技术	应用			有机物排放量减少程度/%		
	大型装备	金属家具	其他	大型装备	金属家具	其他
浓度较高的固态涂料（喷涂）	面漆或外部单面漆以及隔声材料	面漆或单面漆	烤箱烘烤，单面漆和面漆；风干，底漆和面漆	60～80[b]	50～80[b]	50～80[c]
碳吸附	底漆、单面漆或面漆应用和分流区域	底漆、面漆或单面漆应用和分馏区域	烤箱烘烤，单面漆、底漆和面漆应用和分馏区域；风干，底漆和面漆应用和风干区域	90[d]	90[d]	90[d]
焚化	底漆、面漆或单面漆烤箱	烤箱	烤箱	90[d]	90[d]	90+[d]

[a] 参考文献 1-3。

[b] 根据基本情况，计算出排放量减少程度（以百分比形式表示），这种情况下，使用的是浓度较高的有机溶剂，包含 25%的固体和 75%的有机溶剂。液态涂料的输送效率假定约为 80%（适用于喷涂）和 90%（适用于浸涂或淋涂），粉末涂料的输送效率约为 93%，电沉积性涂料的输送效率为 99%。

[c] 此数字反映了可能的减少范围。达到的实际减少量取决于最初使用的传统涂料和替代的低有机溶剂涂料的成分、传输效率，以及两种涂料相比较的膜厚度。

[d] 排放量减少仅发生在控制设备中，与捕获效率无关。

2.5.3 参考文献

1. *Control Of Volatile Organic Emissions From Existing Stationary Sources，Volume III：Surface Coating Of Metal Furniture*，EPA-450/2-77-032，U.S. Environmental Protection Agency，Research Triangle Park，NC，December 1977.

2. *Control Of Volatile Organic Emissions From Existing Stationary Sources，Volume V：Surface Coating Of Large Appliances*，EPA-450/2-77-034，U.S. Environmental Protection Agency，Research Triangle Park，NC，December 1977.

3. *Control Of Volatile Organic Emissions From Existing Stationary Sources，Volume V：Surface Coating Of Miscellaneous Metal Parts And Products*，EPA-450/2-78-015，U.S. Environmental Protection Agency，Research Triangle Park，NC，June 1978.

4. G. T. Helms，"Appropriate Transfer Efficiencies For Metal Furniture And Large Appliance Coating"，Memorandum，Office Of Air Quality Planning And Standards，U.S. Environmental Protection Agency，Research Triangle Park，NC，November 28，1980.

2.6 平滑木质内墙板喷涂

2.6.1 工艺过程说明[1]

内墙板是经过涂饰的平滑木结构制品，是用硬木夹板（天然和柳桉木）、刨花板和硬质纤维板制成的。

在这类平滑木制品制造商中，有不到25%的商家会在其工厂喷涂产品，而且在一些专门做喷涂业务的工厂中，只对产品很少的一部分进行喷涂。目前，大多数喷涂业务都是由专门的喷涂商承揽，他们从制造商那里接到面板，按照客户规范和产品要求涂底漆或精细喷涂。

一些工厂专门用于木制品喷涂的涂层和涂料是填料、封闭底漆、凹槽涂料、底漆、着色剂、底层涂料、油墨和面漆。用在有机碱平滑木制品喷涂中的溶剂通常是混合物，包括甲乙酮、甲基异丁酮、甲苯、二甲苯、乙酸丁酯类、丙醇、乙醇、丁醇、石脑油、甲醇、乙酸戊酯、矿物溶剂、SoCal Ⅰ和Ⅱ、乙二醇、乙二醇醚。水性涂料中最常用的是乙二醇、乙二醇醚、丙醇和丁醇。

各种形式的辊涂是平滑木制品喷涂的首选技术。表面喷涂可以使用直接辊涂机，而逆转辊涂机一般用于灌填料，将填料强行灌入面板裂缝和空隙中。精密喷涂和印刷（通常使用凹版木纹印刷机）也是辊涂的一种形式，也可以使用多种类型的帘式喷涂方法（通常用于涂面漆）。另外，也可以使用各种喷涂技术和手刷涂料的方法。

印好的护栏板是用带硬木表面的夹板（主要是柳桉木）和各种木制合成面板制作的，包括硬质纤维板和刨花板。涂饰技术用于覆盖原表面并产生各种装饰效果。

图 2-4 是一个流程图，显示印好的护栏板的一些（并不是所有）典型生产线的变化情况。

在喷涂过程中采用不同方式且在不同的点应用的凹槽涂料通常是有色的低树脂固体涂料，在使用前需要先用水稀释一下，因此即便会产生排放，排放量也比较少。填料通常采用逆转辊涂技术，可能包含多种成分：聚酯（经过紫外线固化

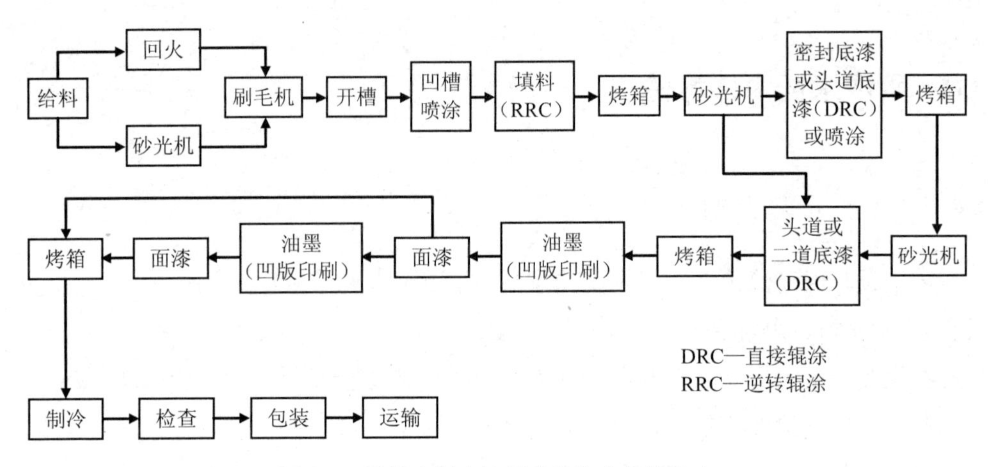

图 2-4 平滑木制内墙板喷涂生产线排放点

处理）、水基漆、硝基漆基料、聚氨酯以及醇酸尿素基料。水基填料通常用于印好的内墙板生产线上。

封闭底漆可以是水基漆，也可以是溶剂型漆，通常分别采用无空气喷涂或直接辊涂方式。底漆通常采用直接辊涂方式，大多为亮漆、合成漆、乙烯基改性醇酸尿素、催化乙烯基或水基漆。

油墨通过凹版胶印操作（与直接辊涂类似）得以应用。大多数柳桉油墨是分散在醇酸树脂中的颜料，为提高可擦性和油印效果还加了一些硝酸纤维素。从透明度、成本和环境等方面来看，水基油墨未来发展前景很好。印好后，平板要经过 1 个或 2 个直接辊涂机或精密辊涂机，涂上透明保护面漆。有些面漆是合成漆，是用溶剂型醇酸树脂或聚酯树脂、尿素甲醛交联剂、树脂和溶剂制成的。

天然硬木胶合板一般都涂透明漆或清漆，以增强并保护硬木饰面的表面层。典型的生产线与印好的护栏板生产线类似，只是密封底漆通常是采用直接辊涂技术涂在平整的内墙板上的，然后在内墙板上刻浮雕和“流印”，制作出“磨损”或仿古的外观效果，不需要使用底漆。但在印完之后且上面漆之前，也要涂上密封底漆。尽管辊涂是常用的技术，但是可以使用帘式喷涂技术上密封底漆。

2.6.2 排放物及其控制[1-2]

平滑木材喷涂工厂中排放的 VOC 主要来自填料的逆转辊涂、密封底漆和底漆的直接辊涂、木材纹理图案的喷印、面漆的直接辊涂或帘式喷涂，以及上述操作中的一项或多项执行后用烤箱烘干等环节（见图 2-4）。所有使用但未回收的溶剂均可被视为可能的排放源。如果使用的喷涂方式已知，则可以根据表 2-5 中的因子计算出排放量。如果喷涂的面板区域已知，则可以根据表 2-10 中的因子估算出印好的内墙板在喷涂过程中产生的排放量。

表 2-10 印好的内墙板对应的挥发性有机物排放因子 [a]

排放因子等级：B

涂料类型	范围 [b]				未控制的挥发性有机物排放量					
	L/100 m^2		gal/1 000 ft^2		kg/100 m^2 喷涂			lb/1 000 ft^2 喷涂		
	水性	传统	水性	传统	水性	传统	紫外线 [c]	水性	传统	紫外线 [c]
填料	6.5	6.9	1.6	1.7	0.3	3	Neg	0.6	6.1	Neg
密封底漆	1.4	1.2	0.35	0.3	0.2	0.5	0	0.4	1.1	0
底漆	2.6	3.2	3.2	0.65	0.8	0.2	0.24	0.5	5	0.5
油墨	0.4	0.4	0.1	0.1	0.1	0.3	0.1	0.2	0.6	0.2
面漆	2.6	2.8	0.65	0.7	0.4	1.8	Neg	0.8	3.7	Neg
总计 [d]	13.5	14.5	5.9	3.45	1.8	5.8	0.34	2.5	16.5	0.7

[a] 参考文献 1。有机物全都是非甲烷有机物。Neg 表示可忽略。

[b] 参考文献 3。来自 Abitibi Corp.、Cucamonga、CA“使用典型的不挥发物质制成的水性和传统涂料之间的调整”。

[c] UV 生产线不使用任何密封底漆，而是使用水性底漆和油墨。调整的总量涵盖 UV 喷涂中可能产生的排放量。

[d] 译者注：原文总计中部分数据有偏差，译文已修正。

为了减少排放量，水性涂料的应用越来越多，这种涂料可以应用于几乎所有平滑的木材（红木和雪松除外）。平滑木材适用的水性涂料主要用于给印好的内墙板上填料和底漆。对于印好的内墙板和天然硬木内墙板，很少使用水性材料来处理油墨、凹槽涂料和面漆。

紫外线固化体系适用于透明或半透明填料、刨花板喷涂生产线上的面漆处理工序以及特定的喷涂操作。多元酯、丙烯酸、氨基甲酸酯和醇酸树脂涂料均可采用这种方法进行固化。

加力燃烧室可用于控制烘烤箱中排放的挥发性有机物，而且可回收使用的热量相当巨大。极少一部分平滑木材喷涂操作将加力燃烧室作为附加控制措施，即使实际上这对于减少排放量是一种可行的选择方案，并且产品要求也限制使用其他控制技术，但这类燃烧室仍然没有用作排放控制措施。

碳吸附在技术层面上是可行的，尤其是对于特定应用领域（如红木表面处理），但是如果是在喷涂生产线上的多个步骤中使用多组分溶剂和不同的喷涂方式，那么就会极大地阻碍使用碳吸附来控制平滑木材喷涂排放量和回收利用溶剂等。

2.6.3 参考文献

1. *Control Of Volatile Organic Emissions From Existing Stationary Sources，Volume VII：Factory Surface Coating Of Flat Wood Interior Paneling*，EPA-450/2-78-032，U.S. Environmental Protection Agency，Research Triangle Park，NC，June 1978.

2. *Air Pollution Control Technology Applicable To 26 Sources Of Volatile Organic Compounds*，Office Of Air Quality Planning And Standards，U.S. Environmental Protection Agency，Research Triangle Park，NC，May 27，1977. Unpublished.

3. *Products Finishing*，*41*（6A）：4-54，March 1977.

2.7 纸张喷涂

2.7.1 工艺过程说明[1-2]

出于各种装饰和功能目的，使用水性、有机溶剂或无溶剂挤压材料来喷涂纸张。不要将纸张喷涂与印刷操作混淆，后者是使用对比度较强的涂料来显示纸张上可见的亮度差异，喷涂操作是在底层上覆盖一层涂层或涂料。

水性涂料可以提高印刷性能和光泽度，但是在抗气候、磨损和化学物质侵袭等方面，不能与有机溶剂型涂料相比。溶剂型涂料的一项附加优势是可用于喷涂大量表面纹理。大多数溶剂型喷涂是由纸张加工公司完成的，这些公司从厂家购买纸张并进行喷涂，制作出最终的成品。

使用溶剂型材料喷涂的有许多产品，包括胶带和标签、装饰用纸、书的封面、氧化锌喷涂办公复印纸、复写纸、打印机色带和照相胶片。

常用的有机溶剂型涂料由成膜材料、塑化剂、颜料和溶剂组成。纸张喷涂中使用的膜生成元素的主要分类为纤维素衍生物（通常为硝酸纤维素）和乙烯基树脂（通常为氯乙烯和醋酸乙烯酯的共聚物）。3 种常见的塑化剂为邻苯二甲酸二辛酯、磷酸三甲苯酯和蓖麻油。使用的主要溶剂为甲苯、二甲苯、甲基乙基酮、异丙醇、甲醇、丙酮和乙醇。尽管常常使用单一溶剂，但是为了获得最佳干燥速率、灵活性、韧性和耐磨性，混合溶剂往往也是必要的。

目前已研制出各种排放量可忽略不计的低溶剂涂料，对于一些用户，完全可以形成与传统溶剂型涂料膜等效的有机树脂膜。在类似人造皮革、书的封面和复写纸等产品上，这些涂料的喷涂厚度最高可达 1/8 in（通常采用逆转辊涂方式）。可以通过加热凹版印刷技术或辊涂机在温度设定为 65～230℃（150～450℉）的条件下在质地粗糙的纸张上执行热熔表面处理。

挤压喷涂是热熔喷涂中的一类，在喷涂过程中，会在温度高达 315℃（600℉）的条件下从带有凹槽的冲模中挤压出熔融热塑性复合片材（通常为低或中密度聚乙烯）。底层和熔融的塑料外层在橡胶辊与冷却辊之间压力的作用下黏合在一起，最终使塑料凝固。许多产品（如涂有聚乙烯的装牛奶的纸盒）都涂有无溶剂挤压涂料。

图 2-5 显示了一个使用有机溶剂型染料的典型纸张喷涂线。应用设备通常为逆转辊涂机、刀具或转轮凹版印刷机。刮刀式喷涂机与辊涂机相比，所用溶液的黏性要高很多，因而每磅固体排放的溶剂比较少。凹版印刷机可以印刷图案，也可以在纸幅上的实心面上喷涂颜色。

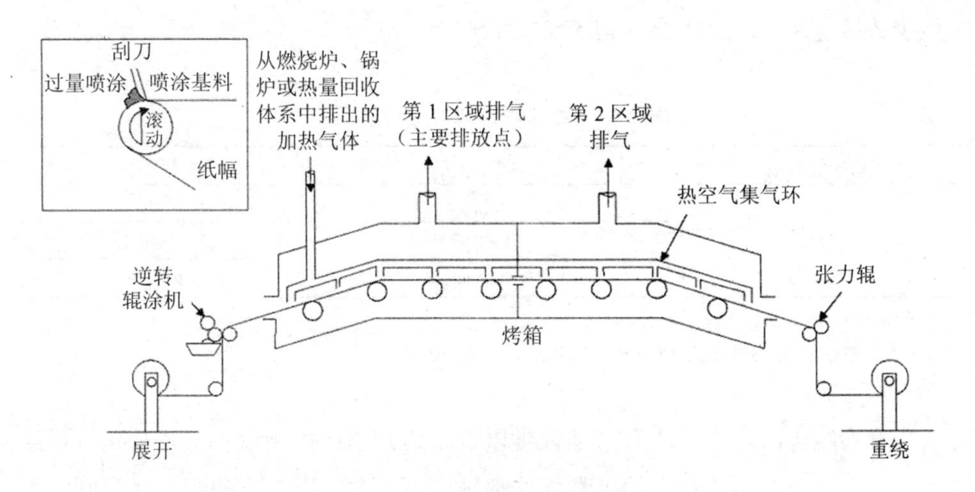

图 2-5　纸张喷涂线排放点

烤箱被分为 2～5 个温度区域。第一区域的温度通常大约可达 43℃（110℉），其他区域的温度逐渐增高，用来在大部分溶液蒸发后固化涂料。典型的固化温度为 120℃（250℉），烤箱的温度一般限制在 200℃（400℉），可避免纸张损坏。天然气是直接火烤箱中最常用的燃料，但有时也使用燃油。一些污染等级较重的燃油可能会产生问题，因为硫氧化物和微粒状物质可能会污染纸张喷涂。通常可以使用馏分燃油达到令人满意的效果。从吸附器回收或排出到焚化炉中的液体在燃烧后产生的蒸汽也可以用于加热固化烤箱。

2.7.2 排放物及其控制[2]

纸张喷涂线的主要排放点是喷涂机和烤箱（见图 2-5）。在典型的纸张喷涂工厂，所用溶剂中大约有 70%是从喷涂线排出的，而且大部分来自烤箱的第一区域。其他 30%是从溶剂转移、存储和混合操作中排出的，可通过良好的家务清洁实践来减少。所有用过且尚未回收或已损坏的溶剂均可被视为可能的排放物。

各个纸张喷涂工厂排放的 VOC 随着喷涂线的规模和数量、喷涂线结构、喷涂染料和底层成分而有所不同，因此每一个方面都必须分别计算。如果使用的喷涂方式已知且可提供足够的涂料成分相关信息，则可以根据表 2-11 中的因子计算出挥发性有机物排放量。由于很多纸张涂料配方都是专利技术，因此可能有必要具备所有使用溶剂的相关信息，并假定如果不使用控制设备，则会排放所有溶剂。在极少数情况下，产品中会保留 5%的溶剂。

表 2-11 纸张喷涂线的控制效率[a]

受影响的设施	控制方法	效率/%
喷涂线	焚化	95
	碳吸附	90+
	低溶剂喷涂	80～99[b]

[a] 参考文献 2。

[b] 根据与传统喷涂（包含 35%的固体和 65%的有机溶剂）相比较的结果。

从喷涂线排出的几乎所有溶剂都可以被收集并送往控制设备。热焚化炉已经过翻新改进，可以将烤箱中的大量气体都排出去，并使用主要和次要热量回收系统来加热烤箱。碳吸附最适宜使用单一溶剂喷涂的喷涂线。如果溶剂混合物由吸附器收集，则这些混合物通常必须经过蒸馏才能重新使用。

尽管低溶剂涂料可用于一些产品，但尚不可用于所有纸张喷涂操作。产品的性质（如某些类型的照相胶片）可能会阻碍低溶剂涂料的研制。此外，涂料中的有机溶剂混合物越复杂，通过碳吸附体系回收再利用的难度和成本就越高。

2.7.3 参考文献

1. T. W. Hughes，*et al.*，*Source Assessment：Prioritization Of Air Pollution From Industrial Surface Coating Operations*，EPA-650/2-75-019a，U.S. Environmental Protection Agency，Cincinnati，OH，February 1975.

2. *Control Of Volatile Organic Emissions From Existing Stationary Sources*，*Volume II：Surface Coating Of Cans*，*Coils*，*Paper Fabrics*，*Automobiles*，*And Light Duty Trucks*，EPA-450/2-77-008，U.S. Environmental Protection Agency，Research Triangle Park，NC，May 1977.

2.8 支撑衬底的聚合喷涂[1-8]

支撑衬底的聚合喷涂是网纹喷涂过程，不同于纸张喷涂，是在支撑衬底上涂上弹性体或其他聚合材料。典型的衬底包括机织物、编织物和非纺织物、玻璃纤维、皮革、纱和绳索。聚合涂料包括天然和合成橡胶、氨基钾酸酯、聚氯乙烯、丙烯酸树脂、环氧树脂、硅树脂、酚醛树脂和硝酸纤维素等。工厂具备 1～10 条喷涂线不等。大多数工厂都是委托喷涂商，按照客户要求的规格在这里生产喷涂好的衬底。典型的产品包括防雨布、传送带、V 型皮带、隔膜、衬垫、印刷用毡、箱包，以及航空和军用产品。这种行业源分类已从“纤维喷涂”重定名为以上列出的内容，反映了聚合涂料的一般用途，包括但不限于传统的纺织纤维衬底。

2.8.1 工艺过程说明[1-3]

在支撑衬底上进行聚合喷涂的过程包含混合涂料成分(包括溶剂)、处理衬底、在衬底上进行喷涂、在烘干炉中烘干/固化涂料，以及后续的固化或硬化操作（如有必要）。图 2-6 是典型的溶剂型聚合涂料操作示意，标识了 VOC 排放位置。典型的工厂具有 1 个或 2 个小型（≤38 m^3）的水平或垂直溶剂存放槽，这种存放槽在大气压力下进行操作；但是，有些工厂具备 5 个这样的存放槽。喷涂准备设备包括用于准备聚酯涂料的磨粉机、混合器、贮槽和泵。氨基甲酸酯涂料通常在购买时已预先混合过，很少需要或几乎不需要在喷涂工厂进行混合。用于喷涂有机溶剂型涂料和水性涂料的传统设备类型包括刮刀辊涂机、浸涂机和逆转辊涂机。在衬底上喷涂之后，液体涂料就会在蒸汽加热或直接燃烧炉中通过溶剂蒸发被凝固。烘干炉通常是采用强制热风对流设计，可以最大限度地提高烘干效率并防止局部蒸气浓度或温度过高造成危险。出于安全操作考虑，有机蒸气的浓度通常要控制在低爆炸限制（Lower Explosive Limit，LEL）的 10%～25%。对于浓度高达 LEL 50%的情况，可以专门设计更新的烘干炉，增加监控器、警报器和故障保护关闭系统。有些涂料需要后续在不同的烘干炉中进行固化或硬化处理。

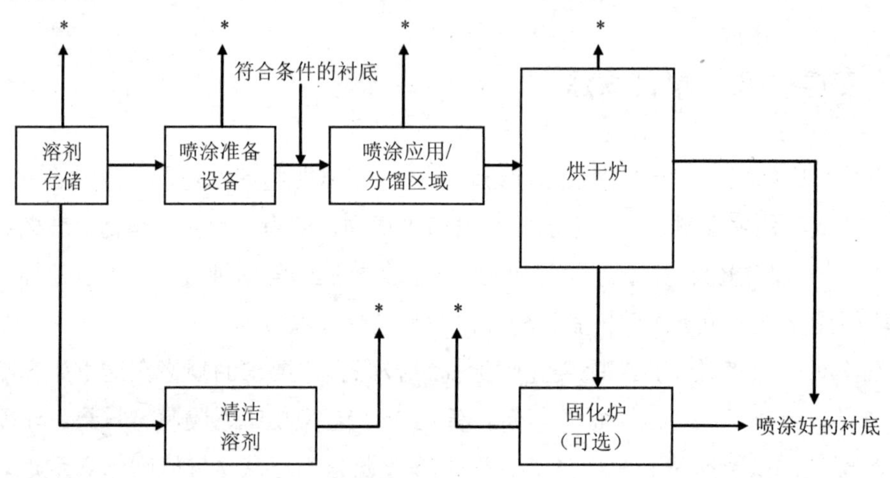

注：挥发性有机物排放用“*”表示。

图 2-6 溶剂型聚合喷涂操作和挥发性有机物排放位置[1]

2.8.2 排放源[1-3]

聚合喷涂工厂中显著的挥发性有机物排放源包括喷涂准备设备、喷涂和分馏区域以及烘干炉。从溶剂存放槽和清洁区域中排出的物质一般仅占总排放量的一小部分。

在混合或喷涂准备区域中，挥发性有机物是在执行以下操作期间从各个混合器和存放槽中排出的：给混合器填料、涂料运输、间歇性活动（更换存放槽中的过滤器），以及原料混合（如果混合设备未配备严密的封盖）。影响混合区域排放量的因素包括槽大小、槽数量、溶剂蒸气压力、吞吐量以及槽封盖的设计和性能。

喷涂中产生的排放物是由喷涂过程中喷涂设备内的溶剂蒸发以及暴露在外面的衬底在从喷涂机到烘干炉入口这一过程中分馏而产生的。影响排放量的因素有涂料的溶剂含量、喷涂线宽度和速度、喷涂厚度、溶剂挥发、温度、喷涂机与烘干炉之间的距离，以及喷涂区域中的气流波动。

烘干炉中排放的物质源自炉中排出的剩余溶剂。影响未控制的排放量的因素有涂料的溶剂含量以及成品中保留的溶剂量。在一些操作中，由于烘干炉门不慎打开而产生逸散型排放物的现象可能也是非常严重的。如果后续进行涂料固化或硬化，可能会排放一些塑化剂和反应副产品。然而，与操作中产生的排放总量相比，涂料固化或硬化中产生的排放量通常可以忽略不计。

溶剂类型和数量是影响聚合喷涂设备的所有操作中所产生排放量的常见因素。蒸发或烘干速率取决于给定温度和浓度下的溶剂蒸气压力。最常用的有机溶剂为甲苯、二甲基甲酰胺（dimethyl formamide，DHF）、丙酮、甲基乙基酮（methyl ethyl ketone，MEK）、异丙醇、二甲苯和乙酸乙酯。影响溶剂选择的因素有成本、溶解能力、毒性、可用性、所需的蒸发速率、溶剂回收后的易用性，以及与溶剂回收设备的兼容性。

2.8.3 排放物及其控制[1-2, 4-7]

蒸发排放物的控制系统包含 2 个组件：捕获设备和控制设备。控制系统的效率由这 2 个组件的效率决定。

捕获设备用于保留流程操作中产生的排放物并将它们送往反应堆或控制设备。封盖、通风孔、排风罩，以及部分和全部围罩都是在喷涂准备设备上使用的捕获设备。排风罩以及部分和全部围罩是在喷涂应用区域中使用的典型捕获设备。烘干炉可被视为捕获设备，因为它可以保留并传送喷涂流程中排放的挥发性有机物。捕获设备的效率是可变的，取决于设计质量以及操作和维护水平。

控制设备的主要功能是减少排放量。本行业中通常使用的控制设备有碳吸附器、冷凝器和焚化炉。喷涂准备设备上严实的密封盖可被视为捕获和控制设备。

碳吸附装置使用活性炭来吸附随气流排出的挥发性有机物，随后从碳中回收这些挥发性有机物。市面上有两类可用的碳吸附器：固定床碳吸附器和流化床碳吸附器。固定床碳吸附器的设计采用蒸汽抽提技术，可以回收挥发性有机物材料并重新生成活性炭。本行业中使用的流化床装置旨在使用氮来回收挥发性有机物蒸气并重新生成碳。如果设计、操作和维护环节得当，这两类碳吸附器均可使典型挥发性有机物控制效率达到 95%。

冷凝装置通过将含溶剂的气体冷却到溶剂的露点并收集液滴来控制挥发性有机物排放量。有 2 种商业上通用的冷凝器设计：氮（惰性气体）气和空气。这些系统在烘干炉的设计和操作（即在烘干炉中使用氮气或空气）以及含溶剂的空气的冷却方法（即液态氮或制冷）上有所不同，这两种设计类型均可使挥发性有机物控制效率达到 95%。

焚化炉通过将有机化合物氧化为二氧化碳和水来控制挥发性有机物排放量。这类焚化炉可以采用热量设计或催化设计，可以使用主要或次要热量回收体系来降低燃料成本。热焚化炉的操作温度大约为 890℃（1 600℉），目的是确保有机化合物氧化。催化焚化炉的操作温度范围为 325～430℃（600～800℉），它使用催化剂来实现类似的挥发性有机物氧化。这两种设计类型均可使典型的挥发性有机物控制效率达到 98%。

严实的密封盖通过减少蒸发损失来控制混合容器中排放的挥发性有机物。密封盖可以装有防水透气阀，避免内部压力过大或真空状态。影响这些控制装置效率的参数为溶剂气压、循环温度变化、槽大小、吞吐量，以及防水透气阀上的压力和真空设置。如果混合区域容器上配有严实的密封盖，预计可将排放量减少大约 40%。通过将捕获的挥发性有机物送往吸附器、冷凝器或焚化炉，可使控制效率达到 95%或 98%。

如果捕获设备和控制设备的效率已知，则可以通过以下方程式计算出控制系统的效率：

$$\{捕获效率\}\times\{控制效率\}=\{控制系统效率\}$$

此方程式的各项（效率）是分数而不是百分比。例如，排风罩系统可将60%的挥发性有机物排放量送往效率可达 90%的碳吸附器，产生的控制系统效率为54%（0.60 ×0.90 = 0.54）。表2-12汇总了在混合设备和喷涂操作的相关测量数据缺少时可以使用的控制系统效率。

表 2-12 控制效率汇总[a]

控制技术	总体控制系统效率百分比[b]/%
喷涂准备设备	
未控制	0
装有防水透气阀的密封盖	40
装有碳吸附器/冷凝器的密封盖	95
喷涂操作[c]	
装有碳吸附器/冷凝器的局部通风体系	81
装有碳吸附器/冷凝器的部分围罩	90
装有碳吸附器/冷凝器的全部围罩	93
装有冷凝器的全部围罩	96

[a] 参考文献1。在测量数据缺少时使用。

[b] 适用于指示的流程区域（而不是整个工厂）中未控制的排放量。

[c] 包括喷涂应用/分馏区域以及烘干炉。

2.8.4 排放量估算技术[1, 4-8]

在这种多样化行业，要实际估算排放量需要溶剂使用数据。由于涂料组成、喷涂线速度和产品中存在很大的变数，因此无法简单地根据现有设备来进行有意义的推测。

通过计算未控制的工厂与回收挥发性有机物进行重复使用或销售的工厂之间所使用的液体材料的差值，可以计算出工厂的排放量。这一技术基于一项假设，即购买的所有溶剂均可取代已排放的挥发性有机物。任何可识别且数量可计算的测流数据都应从这一总量中减去。常见的公式为：

{购买的溶剂}−{数量可计算的溶剂输出量} ={排放的 VOC}

第一项涵盖所有购买的溶剂，包括稀释剂、清洁剂及任何预先混合的涂料的溶剂成分，以及涂料配方中直接使用的任何溶剂。从这一总量来看，任何数量可计算的溶剂输出量都要被减去。这些输出可能包括成品中残留的溶剂、回收后出售到工厂外使用的溶剂，以及废气中包含的溶剂。在工厂重新使用的回收溶剂不能被减去。

这种方法的优点是基于通常已有的数据、反映实际操作而不是理论上稳定状态的生产和控制条件，而且包括从工厂中的所有源排放的物质。但是，切记不要将这种方法应用于太短的时间跨度。溶剂购买、生产和废物处理都会在各自的周期内进行，在时间上不可能重合。

有时，与整个工厂相比，在较小规模内液体材料余量是比较容易计算的。对于由专门的混合区域以及专门的控制和恢复系统供应的单个喷涂线或一组喷涂线而言，这类方法或许是可行的。在这种情况下，计算从测量好送往混合区域的溶剂总量开始，而不是从购买的溶剂开始。回收的溶剂要从这一数量中减去，无论是否在现场重复使用。当然，按照前文所述，必须要考虑其他溶剂输出流和输入流。溶剂输入总量与输出总量的差即作为出现问题的设备排放的挥发性有机物的数量。

在配置计量仪、混合区域、生产设备和控制设备时，通常不会用到这一方法。如果控制设备破坏了可能的排放物或者由于其他原因液体材料余量不正确，则可以将针对工厂的特定区域计算的排放量求和，来估算整个工厂的排放量。下面将介绍这些计算技术。

估算喷涂操作（应用/分馏区域和烘干炉）中产生的挥发性有机物排放量时要遵循一个假定条件，即未控制的排放水平等于应用的涂料中所含的溶剂数量，换句话说，就是截至烘干流程结束时蒸发的所有挥发性有机物总量。如果成品中残留的溶剂数量可计算且很重要，则应下调此挥发性有机物数量，以计算出残留溶剂量。

在计算应用的溶剂数量时，有两个因素是必要的：涂料的溶剂含量和应用的涂料数量。涂料溶剂含量可以直接使用 EPA 参照方法 24 测得。其他用于估算挥发性有机物含量的方法包括使用涂料配方相关数据（通常可从工厂所有者/操作人员或预混合涂料制造商那里获得），或者根据表 2-13 中的信息得到近似值（如果无法获得相关数据）。所应用涂料的数量可以直接测量，否则，必须根据生产数据确定。这些信息应该可以从工厂所有者/操作人员那里获得。应谨慎处理这 2 个因素，确保其单位一致。

表 2-13 聚合涂料的溶剂和固体含量[a]

聚合物类型	典型百分比（按重量计算）/%	
	溶剂百分比	固体百分比
橡胶	50～70	30～50
氨基钾酸酯	50～60	40～50
丙烯酸树脂	—[b]	50
乙烯基[c]	60～80	20～40
乙烯基树脂溶胶	5	95
有机溶胶	15～40	60～85
环氧树脂	30～40	60～70
硅树脂	50～60	40～50
硝酸纤维素	70	30

[a] 参考文献 1。

[b] 有机溶剂一般不会用在丙烯酸涂料配方中。因此，丙烯酸涂料的溶剂含量表示非有机溶剂使用量（即水）。

[c] 溶剂型乙烯基涂料。

估算未控制的排放量时，通过应用控制系统效率因子来计算受控制的排放水平：

$$\{\text{未控制 VOC}\} \times \{1-\text{控制系统效率}\} = \{\text{排放的 VOC}\}$$

如前文所述，控制系统效率是通过捕获设备效率与控制设备效率相乘得到的。如果这两个值未知，则可以参见表 2-12，得到捕获和控制设备的一些典型的组合效率。需要注意的是，这些控制系统效率仅适用于系统服务区域内的排放。工艺废水或废弃涂料等来源的排放根本无法控制。

如果需要混合区域产生的排放量数据，则必须使用不同的方法。在这里，未控制的排放量仅为溶剂总量中在混合流程期间蒸发的那一部分。混合区域中的液体材料余量（即进入的溶剂减去应用涂料的溶剂含量）比较好估算。如果缺少任何测量值，则可以假定在混合流程期间排放的物质约为进入混合区域的溶剂总量的 10%，但是这个值可能变化很大。如果已估算出未控制的混合区域的排放量，则可以按照前面讨论的方法计算受控制的排放率。表 2-12 列出了涂料混合准备设备典型的总控制效率。

本行业中常见的溶剂存放槽规格仅在几个省和地区有明确规定。溶剂存放槽产生的排放量一般都比较小（<125 kg/a）。如果需要估算排放量，则可以使用第7章中提供的表和图来计算。

2.8.5 参考文献

1. *Polymeric Coating Of Supporting Substrates，Background Information For Proposed Standards*，EPA-450/3-85-022a，U.S. Environmental Protection Agency，Research Triangle Park，NC，October 1985.

2. *Control Of Volatile Organic Emissions From Existing Stationary Sources — Volume II：Surface Coating Of Cans，Coils，Paper，Fabrics，Automobiles，and Light Duty Trucks*，EPA-450/2-77-008，U.S. Environmental Protection Agency，Research Triangle Park，NC，May 1977.

3. E. J. Maurer，"Coating Operation Equipment Design And Operating Parameters"，Memorandum To Polymeric Coating Of Supporting Substrates File，MRS，Raleigh，NC，April 23，1984.

4. *Control Of Volatile Organic Emissions From Existing Stationary Sources，Volume I：Control Methods For Surface-Coating Operations*，EPA-450/2-76-028，U.S. Environmental Protection Agency，Research Triangle Park，NC，November 1976.

5. G. Crane，*Carbon Adsorption For VOC Control*，U.S. Environmental Protection Agency，Research Triangle Park，NC，January 1982.

6. D. Moscone，"Thermal Incinerator Performance For NSPS"，Memorandum，Office Of Air Quality Planning And Standards，U.S. Environmental Protection Agency，Research Triangle Park，NC，June 11，1980.

7. D. Moscone，"Thermal Incinerator Performance For NSPS，Addendum"，Memorandum，Office Of Air Quality Planning And Standards，U.S. Environmental Protection Agency，Research Triangle Park，NC，July 22，1980.

8. C. Beall，"Distribution Of Emissions Between Coating Mix：Preparation Area And The Coating Line"，Memorandum To Magnetic Tape Coating Project File，MRS，Raleigh，NC，June 22，1984.

2.9 汽车和轻型载重卡车表面喷涂[1-4]

2.9.1 概述

汽车车身表面喷涂是一个多步骤操作工艺，是在装配线传送系统上完成的。这类喷涂线的操作速度可达每分钟 3～8 m，通常每小时可生产 30～70 个装置。装配工厂每天有 2 个生产班次，每个班次的工作时间均为 8 h，第三个班次是清洗和维护班次。每年的圣诞节到元旦期间工厂会放假停产一周半，夏天在转换模型期间也会停产数周。

尽管涂饰过程在不同的工厂有所不同，但大多具有一些共同的特点。这类过程的主要步骤有：溶剂[a]擦洗、二道漆固化、磷化处理、上面漆、上底漆、面漆固化、底漆固化、最终修复操作、上二道漆等工艺过程。

图 2-7 是这些连续步骤的概述图。喷涂操作在浸漆槽或喷漆室中执行。固化操作在分馏区域和烤炉中执行。上漆和固化的一般操作结构是连续的，防止在油漆固化之前湿的车身暴露在周围环境中。

汽车车身是由许多焊接的金属部件装配而成的。要喷涂的车身和零件全都要经过同一金属处理工序。

首先，要用溶剂擦洗表面，去除油渍和油脂。其次，要对表面进行磷化处理，为上底漆做准备。由于铁和钢都容易生锈，因此必须进行磷化处理，阻止生锈。另外，磷化处理还能提高底漆在金属表面的附着力。磷化处理是在一个多阶清洗器中完成的，包含清洁剂清洗、冲洗，以及用磷酸锌喷涂金属表面。零件和车身要经过清水喷淋冷却工序。如果喷涂的是溶剂型底漆，随后要用烤炉烘干。

上底漆的目的是防止金属表面腐蚀，确保后续喷涂附着牢固。在所有的装配工厂中，几乎有一半使用溶剂型底漆，采用手工喷漆和自动喷漆相结合的方式进行喷涂。其余工厂使用水性底漆。随着新兴工厂的建立和现有工厂的现代化创新，水性底漆的使用有望增加。

---

[a] 此处的术语“溶剂”表示有机溶剂。

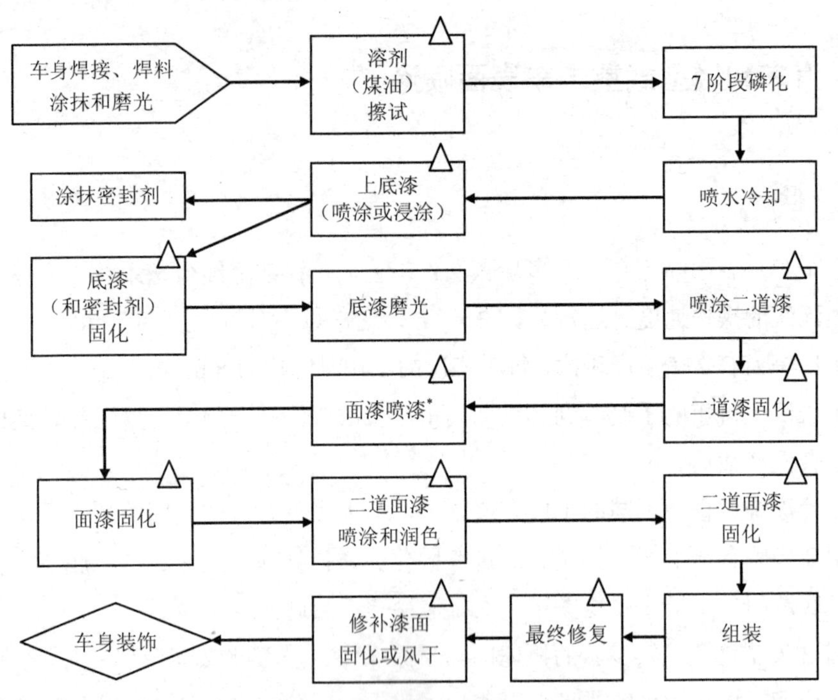

* 为了形成足够的膜厚度，在使用两种颜色的漆或底漆/透明漆作为面漆时，可以涂抹多层。

△ 可能的排放点

图 2-7 典型的汽车和轻型载重卡车表面喷涂线

水性底漆通常都是在电沉积（electrodeposition，EDP）池中喷涂的。池中的成分为 5%～15%的固体染料、2%～10%的溶剂，其余的是水。使用的溶剂通常为较高分子量且较低挥发性的有机化合物，如乙二醇丁醚。

使用电沉积技术时，要在底漆和面漆之间上二道漆（也称为和面漆）来增加漆膜的厚度、填补表面瑕疵，允许在底漆与面漆之间进行打磨。二道漆是采用手工喷漆与自动喷漆相结合的方式实施的，可以是溶剂型涂料，也可以是水性涂料。某些轻型载重卡车工厂使用粉末型二道漆。

面漆有不同的颜色，表面喷涂外观也各不相同，能够满足客户需求。面漆的喷涂步骤分为三步，确保达到足够的喷涂厚度。面漆喷涂好之后要在烤箱中烘烤，也可以进行湿式喷涂。不过采用湿式喷涂技术时，至少最后一道面漆要在高温烤箱中进行烘烤。

一直以来，汽车工业中使用的面漆常常是溶剂型亮漆和磁漆。最近的趋势是高浓度固体漆。某些工厂在试用粉末型面漆。

汽车行业最近出现了使用底漆/透明漆（Base Coat/Clear Coat，BC/CC）面漆喷涂体系这一趋势，先喷涂比较稀的高着色金属底漆，然后喷涂比较浓的透明漆。这种 BC/CC 喷涂出来的效果比单面金属面漆更具吸引力。预计由于竞争压力，美国制造商会增加使用这种 BC/CC 喷涂技术。

现在使用的大多数 BC/CC 涂料所含的挥发性有机物含量比传统的磁漆更高。不过，汽车制造商和涂料供应商目前正在开发和测试挥发性有机物含量较低的（浓度较高的固体）BC/CC 涂料。

喷涂面漆之后，要将车身送往修整操作区域，在那里完成汽车装配。表面喷涂操作的最后一步通常是最终修复过程，在喷漆室修复受损的漆面，风干或在低温烤箱中进行烘烤，避免损坏修整操作区域中添加的热敏感塑料零件。

2.9.2 排放物及其控制

VOC 是表面喷涂操作中排放的主要污染物。图 2-7 中显示了可能的 VOC 排放操作。底漆、二道漆和面漆的喷涂和固化操作中所排放的 VOC 占装配工厂总排放量的 50%～80%。最终的面漆修复、清洁以及其他排放源（如喷涂小零件以及涂抹密封剂）占其余的 20%。在喷涂和固化流程期间所排放的 VOC 中，有 75%～90%是从喷漆室和分馏区域中排放的，10%～25%是从烘烤箱中排放的。排放物的分离在很大程度上取决于所用的溶剂类型和传输效率。随着传输效率的提高以及新型涂料的应用，喷漆室和分馏区域排放的 VOC 的百分比有望降低，烘烤箱排放的 VOC 的百分比将保持相对稳定。对于溶剂含量较低的高浓度固体涂料，烘烤箱中排放的污染物往往会占很大比例。

多个因素影响着汽车行业中每辆汽车在表面喷涂操作中所排放的 VOC 总量。其中包括：

- 涂料的 VOC 含量（涂料的磅数，含水量较少）
- 涂料的固体成分含量
- 每辆汽车喷涂的面积
- 膜厚度

- 传输效率

涂料成分中的 VOC 数量越高，排放量就越大。固体成分在 12%～18%的亮漆就比固体成分在 24%～33%的磁漆所含的 VOC 要高。排放量也会受到零件喷涂面积、喷涂厚度、零件配置以及喷涂技术的影响。

根据喷涂技术类型的不同，传输效率（针对零件上残留的涂料消耗总量中固体那一部分）会有所不同。典型的空气雾化喷涂技术的传输效率在 30%～50%，静电喷涂技术的传输效率在 60%～95%，它是使用电位差来增加固体涂料传输效率的一种喷涂方法。空气雾化和静电喷涂设备可以在同一个喷漆室中使用。

可以使用多种类型的控制技术来减少汽车和轻型载重卡车表面喷涂操作中排放的挥发性有机物，这些方法可以大体上分为控制设备或新型喷涂和应用体系。在将挥发性有机物排放到环境空气之前，通过使用控制设备将其回收或破坏，可以减少排放量。这类技术包括烘烤箱上的热焚化炉和催化焚化炉，以及喷漆室上的碳吸附器。可以用挥发性有机物等级相对较低的新型油漆取代挥发性有机物含量较高的油漆。这些油漆喷涂体系包括水性底漆和面漆的电沉积技术、水性磁漆的空气喷涂技术，以及固体含量较高的涂料、溶剂型磁漆和粉末型涂料的空气和静电喷涂技术。随着传输效率的提高，为了实现指定膜厚度而必须使用的涂料量也有所降低，进而排放到环境空气中的挥发性有机物的数量也有所降低。

表 2-14 给出了计算典型条件下的挥发性有机物排放量时要用到的排放因子，这些因子是用表 2-15 和表 2-16 中给出的常用的参数值计算出来的。汽车和轻型载重卡车的各种参数的值代表 1980 年汽车和轻型载重卡车行业存在的平均情况，可以使用表 2-14 中的方程式和各种参数的现场特定值来计算更为准确的挥发性有机物排放量。

这些排放因子不适用于小零件的最终面漆修复、清洁和喷涂以及密封胶的涂抹。

表 2-14 汽车和轻型载重卡车表面喷涂操作的排放因子[a]

排放因子等级：C

喷涂	汽车 挥发性有机物的重量/kg（lb）		轻型载重卡车 挥发性有机物的重量/kg（lb）	
	每辆车	每小时[b]	每辆车	每小时[c]
底漆				
溶剂型喷涂	6.61（14.54）	363（799）	19.27（42.39）	732（1 611）
阴极电沉积	0.21（0.45）	12（25）	0.27（0.58）	10（22）
二道漆				
溶剂型喷涂	1.89（4.16）	104（229）	6.38（14.04）	243（534）
水性喷涂	0.68（1.50）	38（83）	2.3（5.06）	87（192）
面漆				
亮漆	21.96（48.31）	1 208（2 657）	NA	NA
分散的亮漆	14.50（31.90）	798（1 755）	NA	NA
磁漆	7.08（15.58）	390（857）	17.71（38.96）	673（1 480）
底漆/透明漆	6.05（13.32）	333（732）	18.91（41.59）	719（1 581）
水性	2.25（4.95）	124（273）	7.03（15.47）	267（588）

[a] 所有的非甲烷挥发性有机物。可以使用以下方程式以及表 2-15 和表 2-16 中提供的常见的参数值来计算因子。NA 表示不适用。

$$E_v = \frac{A_v c_1 T_f V_c c_2}{S_c e_T}$$

式中：E_v —— 挥发性有机物的排放因子，每辆车的重量（不包括任何附加的控制设备），lb；

A_v —— 每辆车喷涂的面积，ft^2；

c_1 —— 转换因子，1 ft/12 000 mil；

T_f —— 干法喷涂膜的厚度，mil；

V_c —— 所用涂料的挥发性有机物（有机溶剂）含量，不含水（lb VOC/gal 不含水涂料）；

c_2 —— 转换因子，7.48 gal/ft^3；

S_c —— 所用涂料中的固体含量，体积分数（gal 固体/gal 涂料）；

e_T —— 转换效率分数（喷涂零件上所用的总固态喷涂量的分数）。

示例：每辆汽车采用阴极电沉积技术上底漆的过程中产生的挥发性有机物排放量。

$$E_v（\text{VOC 排放因子}）= \frac{(850\ \text{ft}^2)\times(1/12\ 000)\times(0.6\ \text{mil})\times(1.2\ \text{lb/gal H}_2\text{O})\times(7.48\ \text{gal/ft}^3)}{(0.84\ \text{gal/gal})\times(1.00)}$$

$$= 0.45\ \text{lb VOC/车辆}（0.21\ \text{kg VOC/车辆}）$$

[b] 基于平均的线速度 55 辆汽车/h。

[c] 基于平均的线速度 38 辆轻型载重卡车/h。

表 2-15　汽车表面喷涂行业的参数[a]

上漆	每辆车的喷涂面积/ft^2	膜厚度/mil	挥发性有机物含量/（lb/galH$_2$O）	固体涂料体积分数/（gal/galH$_2$O）	传输效率百分比/%
底漆					
溶剂型喷涂	450（220～570）	0.8（0.3～2.5）	5.7（4.2～6.0）	0.22（0.20～0.35）	40（35～50）
阴极电沉积	850（660～1 060）	0.6（0.5～0.8）	1.2（1.2～1.5）	0.84（0.84～0.87）	100（85～100）
二道漆					
溶剂型喷涂	200（170～280）	0.8（0.5～1.5）	5.0（3.0～5.6）	0.30（0.25～0.55）	40（35～65）
水性喷涂	200（170～280）	0.8（0.5～2.0）	2.8（2.6～3.0）	0.62（0.60～0.65）	30（25～40）
面漆					
溶剂型喷涂					
亮漆	240（170～280）	2.5（1.0～3.0）	6.2（5.8～6.6）	0.12（0.10～0.13）	40（30～65）
分散的亮漆	240（170～280）	2.5（1.0～3.0）	5.8（4.9～5.8）	0.17（0.17～0.27）	40（30～65）
磁漆	240（170～280）	2.5（1.0～3.0）	5.0（3.0～5.6）	0.30（0.25～0.55）	40（30～65）
底漆/透明漆[b]	240	2.5	4.7	0.33	40
底漆	240（170～280）	1.0（0.8～1.0）	5.6（3.4～6.4）	0.20（0.13～0.48）	40（30～50）

上漆	每辆车的喷涂面积/ft^2	膜厚度/mil	挥发性有机物含量/($lb/galH_2O$)	固体涂料体积分数/($gal/galH_2O$)	传输效率百分比/%
透明漆	240 (170～280)	1.5 (1.2～1.5)	4.0 (3.0～5.1)	0.42 (0.30～0.54)	40 (30～65)
水性喷涂	240 (170～280)	2.2 (1.0～2.5)	2.8 (2.6～3.0)	0.62 (0.60～0.65)	30 (25～40)

[a] 应用的涂料的所有值，挥发性有机物含量和应用的固体涂料体积分数（减去水）除外。请注意括号中的范围。挥发性有机物含量较低（固体含量较高）的底漆/透明漆仍在测试和研发中。

[b] 底漆和透明漆的合成物。

表 2-16　轻型载重卡车表面喷涂行业的参数[a]

上漆	每辆汽车的喷涂面积/ft^2	膜厚度/mil	挥发性有机物含量/($lb/galH_2O$)	固体涂料体积分数/($gal/galH_2O$)	传输效率百分比/%
底漆					
溶剂型喷涂	875 (300～1 000)	1.2 (0.7～1.7)	5.7 (4.2～6.0)	0.22 (0.20～0.35)	40 (35～50)
阴极电沉积	1 100 (850～1 250)	0.6 (0.5～0.8)	1.2 (1.2～1.5)	0.84 (0.84～0.87)	100 (85～100)
二道漆					
溶剂型喷涂	675 (180～740)	0.8 (0.7～1.7)	5.0 (3.0～5.6)	0.30 (0.25～0.55)	40 (35～65)
水性喷涂	675 (180～740)	0.8 (0.5～2.0)	2.8 (2.6～3.0)	0.62 (0.60～0.65)	30 (25～40)
面漆					
溶剂型喷涂					
磁漆	750 (300～900)	2.0 (1.0～2.5)	5.0 (3.0～5.6)	0.30 (0.25～0.55)	40 (30～65)
底漆/透明漆[b]	750	2.5	4.7	0.33	40
底漆	750 (300～900)	1.0 (0.8～1.0)	5.6 (3.4～6.4)	0.20 (0.13～0.48)	40 (30～50)
透明漆	750 (300～900)	1.5 (1.2～1.5)	4.0 (3.0～5.1)	0.42 (0.30～0.54)	40 (30～65)
水性喷涂	750 (300～900)	2.2 (1.0～2.5)	2.8 (2.6～3.0)	0.62 (0.60～0.65)	30 (25～40)

[a] 应用的涂料的所有值，挥发性有机物含量和应用的固体涂料体积分数（减去水）除外。请注意括号中的范围。挥发性有机物含量较低（固体含量较高）的底漆/透明漆仍在测试和研发中。

[b] 底漆和透明漆的合成物。

2.9.3 参考文献

1. *Control Of Volatile Organic Emissions From Existing Stationary Sources — Volume II: Surface Coating Of Cans, Coils, Paper Fabrics, Automobiles, And Light Duty Trucks*, EPA-450/2-77-008, U.S. Environmental Protection Agency, Research Triangle Park, NC, May 1977.

2. *Study To Determine Capabilities To Meet Federal EPA Guidelines For Volatile Organic Compound Emissions*, General Motors Corporation, Detroit, MI, November 1978.

2.10 压敏胶带和标签喷涂

2.10.1 概述[1-5]

压敏胶带和标签（Pressure Sensitive Tapes and Label，PSTL）的喷涂是指喷涂某些基底材料（纸、布或膜）生成一触即贴的胶带或标签产品。术语“压敏”是指接触时形成黏结，无须蘸湿、加热或添加固化剂。

PSTL 表面喷涂行业制造的产品可以采用多种不同类型的涂料。两种主要的涂料类型为黏合剂和缓释剂。黏合剂的喷涂是几乎所有 PSTL 产品制造过程中所必需的步骤。一般情况下是比重较大的涂料（通常为 0.051 kg/m^2），因而产生的溶剂排放级别也最高（一般是喷涂线总排放量的 85%～95%）。

缓释剂是喷涂在胶带背面或标签裱画纸上。缓释剂的功能是确保胶带平滑并且容易展开，或者便于将标签从裱画纸上揭下。缓释剂的比重非常小（通常为 0.000 81 kg/m^2）。与相当规模的黏合剂喷涂线相比，这种比重小的缓释剂产生的排放量相对也较少。

可以按照五个基本的喷涂工艺来喷涂黏合剂和缓释剂：

- 溶剂型涂料喷涂
- 水性（乳状液）涂料喷涂
- 100%固体涂料（热熔）喷涂
- 贴胶压延机喷涂
- 预聚物喷涂

PSTL 行业中有 80%～85%的产品使用溶剂型喷涂工艺，实际上该行业中的所有溶剂排放物都是由溶剂型涂料产生的。由于溶剂型涂料使用广泛且排放量很大，因此本书更详细地论述了 PSTL 产品的溶剂型喷涂工艺。

2.10.2 工艺过程说明[1-2, 5]

从概念上讲，溶剂型涂料表面喷涂过程非常简单，即展开、喷涂、烘干，再卷起整卷的基底材料（称为网布）。图 2-8 显示了典型的溶剂型喷涂线。在该行业大型的喷涂线上，网布的宽度通常为 152 cm，而小型喷涂线上网布的宽度通常为 48 cm。线速度差别巨大，从每分钟 3～305 m 不等。喷涂过程一开始是从卷轴上展开连续不断的网布材料，网布材料经过涂胶机头，在那里喷涂配好的溶剂型涂料，配好的涂料含有指定级别的溶剂和固体（按比重）。溶剂型黏合剂配方包含大约 67%的溶剂和 33%的固体。溶剂型缓释剂平均含有 95%的溶剂和 5%的固体。使用的溶剂包括甲苯、二甲苯、庚烷、己烷和甲乙酮。配方中的固体部分包含弹性体（天然橡胶、丁苯橡胶、聚丙烯酸酯）、增黏树脂（聚萜烯、松香、石油树脂、沥青）、增塑剂（酞酸酯、聚丁烯、矿物油）和填料（氧化锌、二氧化硅、黏土）。

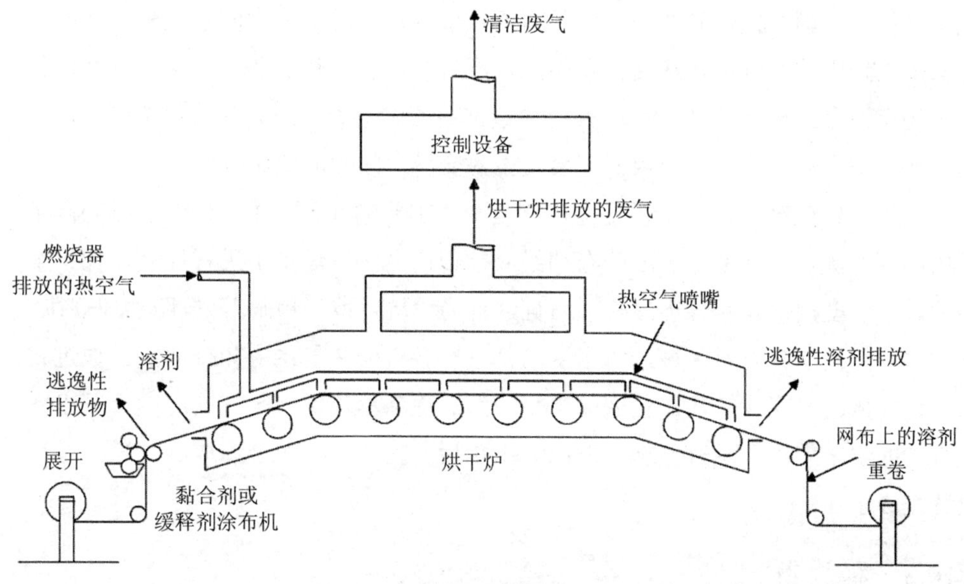

图 2-8 压敏胶带和标签喷涂线示意

喷涂顺序一般为缓释剂、底漆（如果有）和黏合剂，网布在喷涂黏合剂之前，总是必须先喷涂缓释剂。并不是所有的产品都需要喷涂底漆，一般情况下喷涂底漆的目的是提高黏合剂的性能。

PSTL 行业中使用的涂胶机头基本分为三类。使用的涂胶机头的类型对喷涂产品的质量有显著影响，但对总体排放量的影响却微乎其微。第一种类型的涂胶机头的操作原理是将胶涂抹在网布上，刮去多余的胶达到所需的厚度。这种类型的涂布机包括刮刀式涂布机、刮板式涂布机和计量棒式涂布机。第二种类型的涂胶机头按照特定的涂胶量来计量。凹印涂布机和逆转辊涂布机是最常见的示例。第三种类型的涂胶机头实际上并不进行表面喷涂，而是渗透网布。此类型的最常见示例为浸沾式涂布机和挤压式涂布机。

完成溶剂型喷涂之后，网布即移入烘干炉，在那里将网布上的溶剂蒸发。烘干炉操作的重要特征是：

- 物体轮廓在高温下的停留时间
- 烘干炉空气循环所允许的烃浓度

传统烘干炉使用两种基本的加热方式：直接和间接。直接加热是将热的燃烧气体（混合周围空气达到适当的温度）直接引入烘干区。采用间接加热方式时，进入烘干炉中的空气流在热交换器中用蒸汽或热燃烧气体加热，但不与这些气体发生物理混合。直烧炉是 PSTL 行业中最常用的烘干炉，因为其热效率比较高。间接加热炉会产生蒸汽且交换器中会发生热交换，因此能效比较低。

在 PSTL 生产中，烘干炉温度控制是一个重要的环节，烘干炉温度必须高于所用溶剂的沸点。但是，温度分布曲线必须使用多区域烘干炉进行控制。如果最初的烘干进度太快，就会出现喷涂瑕疵，称为“坑”或“鱼眼”。按照物理规律，这种烘干炉被分为多个区域，每个区域都具有各自的热气供应和排放点。通过将第一个区域的温度保持在比较低的水平，然后逐渐增加后续区域的温度，可以实现统一的烘干效果，没有瑕疵。退出烘干炉后，连续的网布会卷成卷，喷涂过程也就完成了。

2.10.3 排放物[1, 6-10]

压敏胶带和标签的溶剂型喷涂过程中排放的唯一数量较大的污染物是溶剂蒸

发所产生的挥发性有机物。如果工厂不进行排放控制，涂料配方中使用的所有溶剂基本上都会排放到大气中。在这些没有控制的排放物中，80%～95%的排放物是烘干炉中产生的废气。最终喷涂好的产品中仍然会保留一定的溶剂（0～5%），不过这种溶剂最终会蒸发到大气中。所用溶剂中残留下来的部分会从少量排放源挥发出去，作为逸散型排放物。图 2-8 中指出了 PSTL 表面喷涂操作中主要的 VOC 排放点。

此外，溶剂存储和处置、设备清洁、各种溶剂溢出，以及涂料配比混合槽中都会遗漏 VOC。这里就不对这些排放物加以说明了，因为这些排放源产生的排放量相对较少。

喷涂流程中产生的逸散型溶剂排放物来自涂胶机头周围溶剂的蒸发以及暴露的湿网布在进入烘干炉之前表面溶剂的蒸发。这些遗漏的数量由网布宽度、线速度、溶剂的挥发性和温度，以及喷涂区域中的气流来决定。

直接决定喷涂线总排放量的两个因素为网布上所用涂料的比重（厚度）和涂料配方的溶剂/固体比例。对于在喷涂过程中溶剂/固体比例为常量的涂料配方，增大涂料比重会产生更高的 VOC 排放等级。在该行业内，涂料配方中的溶剂/固体比例并不是常量，在不同的产品之间，该比例变化范围很大。如果涂料比重为常量，通过增加特定配方的比重/溶剂百分比，会产生更大的排放量。

这两个操作参数，结合线速度、线宽度和溶剂挥发性共同决定着潜在的巨大排放量。表 2-17 给出了加以控制和未控制的 PSTL 表面喷涂操作的排放因子。喷涂过程中产生的潜在 VOC 排放量等于涂胶机头使用的溶剂总量。

（1）控制 [1, 6-18]

现代压敏胶带或标签表面喷涂工厂所用的完整大气污染控制系统包含两部分：溶剂蒸气捕获系统和排放控制设备。捕获系统收集从涂胶机头、网布和烘干炉排放的 VOC 蒸气，被捕获的蒸气进入控制设备进行回收（作为液体溶剂）或破坏。作为一种替代的排放控制技术，PSTL 行业也使用 VOC 含量较低的涂料，这样产生的 VOC 排放量也较低。水性和热熔涂料以及辐射固化预聚物就是这类 VOC 含量较低的涂料。这类涂料产生的 VOC 排放量微乎其微或为零。VOC 含量较低的涂料整体上不适用于 PSTL 行业，但是目前该行业中约有 25%的生产过程使用这些创新的涂料。

表 2-17　压敏胶带和标签表面喷涂操作的排放因子

排放因子等级：C

排放点	非甲烷 VOC[a]		
	未加以控制/（kg/kg）	85%控制/（kg/kg）	90%控制/（kg/kg）
烘干炉废气[b]	0.80～0.95	—	—
逸散型气体[c]	0.01～0.15	0.01～0.095	0.002 5～0.042 5
产品中保留的气体[d]	0.01～0.05	0.01～0.05	0.01～0.05
控制设备[e]	—	0.045	0.047 5
总排放量[f]	1.0	0.15	0.10

[a] 表示按照使用的溶剂总量排放的挥发性有机物的数量。假定溶剂总体上包含 VOC。

[b] 参考文献 1、6-7、9。烘干炉排放的废气量取决于喷涂线操作速度、线宕机频率、涂料成分和烘干炉设计。

[c] 由总排放量和其他排放点源之间的差异决定。数量由喷涂线设备大小、线速度、溶剂的挥发性和温度，以及喷涂区域中的气流决定。

[d] 参考文献 6-8。产品中的溶剂最终会蒸发到大气中。

[e] 参考文献 1、10、17-18。排放物是指捕获到的含有溶剂的空气在经过处理后依然残留的成分。对于加以控制的喷涂线，排放量基于总体降低效率，等于捕获效率乘以控制设备效率。对于控制程度达到 85%的情况，捕获效率为 90%，控制设备效率为 95%。对于控制程度达到 90%的情况，捕获效率为 95%，控制设备效率为 95%。

[f] 数值，假设未加以控制的喷涂线最终产生的排放量是使用的所有溶剂的总量。

（2）捕获系统

在典型的 PSTL 表面喷涂工厂中，喷涂过程中排放的 VOC 中有 80%～95%是在喷涂线烘干炉中捕获的。风扇用来将烘干炉中排放的物质送往控制设备。在一些工厂，烘干炉产生的一部分废气被循环利用，再进入烘干炉，而不是进入控制设备。使用循环技术会增加烘干炉中排出且进入控制设备的废气的 VOC 浓度。

PSTL 工厂中使用的捕获技术的另一个重要方面涉及逸散型 VOC 排放量，可以使用 3 种技术来收集 PSTL 喷涂线所产生的逸散型 VOC 排放量。第一种技术涉及在涂胶机头和暴露的涂布周围使用地面清扫机制和/或加罩系统。罩中收集的逸散型排放物会被送入烘干炉且随后进入控制设备，或者会被直接送往控制设备。第二种捕获技术涉及封闭整个喷涂线或涂胶和分馏区域。通过在封闭空间内保持略微的负压，理论上可以实现 100%的捕获效率。捕获到的排放物由风扇直接吹入烘干炉或进入控制设备。第三种捕获技术是一种扩展形式的总体封闭。容纳喷涂线的整个构造或结构是一个封闭空间，整个空间中的空气被排放到控制设备。保持略微的负压是为了确保较少的排放气体从空间中逸散。

任何蒸汽捕获系统的效率在很大程度上都取决于其设计及其与喷涂线设备配置的整合程度。任何系统的设计都必须确保能安全且准确地进入喷涂线设备以便加以维护。该系统的设计还必须确保能将工人与表面喷涂过程中使用的高浓度有机溶剂隔离开，确保健康不受到威胁。设计完善且结合了烘干炉废气与逸散型气体捕获技术的系统，效率可达到95%。

（3）控制设备

用于控制捕获到的VOC排放量的控制设备和/或技术可分为两类：溶剂回收和溶剂破坏。固定床碳吸附是该行业中使用的主要溶剂回收技术，在固定床吸附体系中，溶剂型蒸气被吸附到活性炭的表面，且蒸气重新生成溶剂。以此方式回收的溶剂可在喷涂过程中重复使用，也可以出售给回收商。碳吸附体系的效率可达到98%，但连续长期操作过程中95%的效率更为常见。

PSTL行业使用的主要溶剂破坏技术是热焚化，效率可达99%。但是，使用焚化设备的操作体验表明95%的效率更为常见。催化焚化可用于控制VOC排放量，与热焚化的功效是相同的，但是在该行业中尚未发现催化设备。

碳吸附和热焚化这两种技术用于控制PSTL喷涂线产生的VOC排放量，二者的效率是相等的。表2-17中显示的控制设备排放因子表示废气再处理后残留的VOC含量。

VOC排放控制系统的总体排放量降低效率等于捕获效率乘以控制设备效率。表2-17中显示了这两种控制级别的排放因子。对于控制级别达到85%的情况，捕获效率为90%，控制设备效率为95%。对于控制级别达到90%的情况，捕获效率为95%，控制设备效率为95%。

2.10.4 参考文献

1. *The Pressure Sensitive Tape And Label Surface Coating Industry—Background Information Document*，EPA-450/3-80-003a，U.S. Environmental Protection Agency，Research Triangle Park，NC，September 1980.

2. *State Of California Tape And Label Coaters Survey*，California Air Resources Board，Sacramento，CA，April 1978. Confidential.

3. M. R. Rifi，“Water Based Pressure Sensitive Adhesives，Structure vs. Performance”，presented at Technical Meeting On Water Based Systems，Chicago，IL，June 21-22，1978.

4. *Pressure Sensitive Products And Adhesives Market*，Frost and Sullivan Inc.，Publication No. 614，New York，NY，November 1978.

5. Silicone Release Questionnaire，Radian Corporation，Research Triangle Park，NC，May 4，1979. Confidential.

6. Written communication from Frank Phillips，3M Company，to G. E. Harris，Radian Corporation，Research Triangle Park，NC，October 5，1978. Confidential.

7. Written communication from R. F. Baxter，Avery International，to G. E. Harris，Radian Corporation，Research Triangle Park，NC，October 16，1978. Confidential.

8. G. E. Harris，“Plant Trip Report，Shuford Mills，Hickory，NC”，Radian Corporation，Research Triangle Park，NC，July 28，1978.

9. T. P. Nelson，“Plant Trip Report，Avery International，Painesville，OH”，Radian Corporation，Research Triangle Park，NC，July 26，1979.

10. *Control Of Volatile Organic Emissions From Existing Stationary Sources—Volume II：Surface Coating Of Cans，Coils，Paper，Fabrics，Automobiles，And Light Duty Trucks*，EPA-450/2-77-008，U.S. Environmental Protection Agency，Research Triangle Park，NC，May 1977.

11. Ben Milazzo，“Pressure Sensitive Tapes”，*Adhesives Age*，*22*：27-28，March 1979.

12. T. P. Nelson，“Trip Report For Pressure Sensitive Adhesives—Adhesives Research，Glen Rock，PA”，Radian Corporation，Research Triangle Park，NC，February 16，1979.

13. T. P. Nelson，“Trip Report For Pressure Sensitive Adhesives—Precoat Metals，St. Louis，MO”，Radian Corporation，Research Triangle Park，NC，August 28，1979.

14. G. W. Brooks，“Trip Report For Pressure Sensitive Adhesives—E. J. Gaisser，Incorporated，Stamford，CT”，Radian Corporation，Research Triangle Park，NC，September 12，1979.

15. Written communication from D. C. Mascone to J. R. Farmer，Office Of Air Quality Planning And Standards，U.S. Environmental Protection Agency，Research Triangle Park，NC，June 11，1980.

16. Written communication from R. E. Miller，Adhesives Research，Incorporated，to T. P. Nelson，Radian Corporation，Research Triangle Park，NC，June 18，1979.

17. A. F. Sidlow，*Source Test Report Conducted At Fasson Products，Division Of Avery Corporation*，

Cucamonga, CA, San Bernardino County Air Pollution Control District, San Bernardino, CA, January 26，1972.

18. R. Milner，*et al.*，*Source Test Report Conducted At Avery Label Company*，*Monrovia*，*CA*，Los Angeles Air Pollution Control District，Los Angeles，CA，March 18，1975.

2.11 金属线圈表面喷涂

2.11.1 概述[1-2]

金属线圈表面喷涂（线圈喷涂）是线性流程，即在成卷或成圈的平整金属板或条上喷涂保护性或装饰性有机涂料。尽管线圈喷涂线的物理配置在安装方面有所不同，但操作通常遵循一个设定的模式。金属条在进入喷涂线的位置解开，然后经过湿区段进行彻底清洗及化学处理，以抑制生锈并提升涂料在金属表面的附着力。在一些安装过程中，湿区段包含电镀锌操作。随后烘干金属条并将其送往喷涂流程，用辊涂抹金属条的一面或两面。随后金属条经过烘干炉，将涂料烘干并固化。当金属条退出烘干炉时，喷水冷却并再次烘干。如果是串联线，首先涂底漆，然后是面漆或装饰漆。二道漆也要在烘干炉中烘干和固化。随后再次冷却并烘干金属条，然后重新绕成线圈并包装运输或进行进一步处理。大多数线圈喷涂线的入口和出口处都有一个蓄电池，确保在入口处安装新线圈或在出口处拆卸整个线圈时金属条在喷涂过程中连续不断地移动。图 2-9 是线圈喷涂线的流程图。

线圈喷涂线可以处理的金属宽度为几厘米到 183 cm，厚度为 0.018～0.229 cm。在一些较新的喷涂线上，金属条通过的速度高达 3.6 m/s。

线圈喷涂行业使用各种各样的涂料配方。较为普遍的涂料类型包括聚酯纤维、丙烯酸树脂、多氟烃、醇酸树脂、乙烯基和塑料溶胶。使用的 85%的涂料是有机溶剂，且溶剂含量为 0～80%，普遍的范围在 40%～60%。其余 15%的涂料大多数是水性涂料，但是它们包含 2%～15%的有机溶剂。该行业也在一定程度上使用塑料溶胶、有机溶胶和粉末形式的高浓度固体涂料，但是粉末喷涂的硬件设施有所不同。

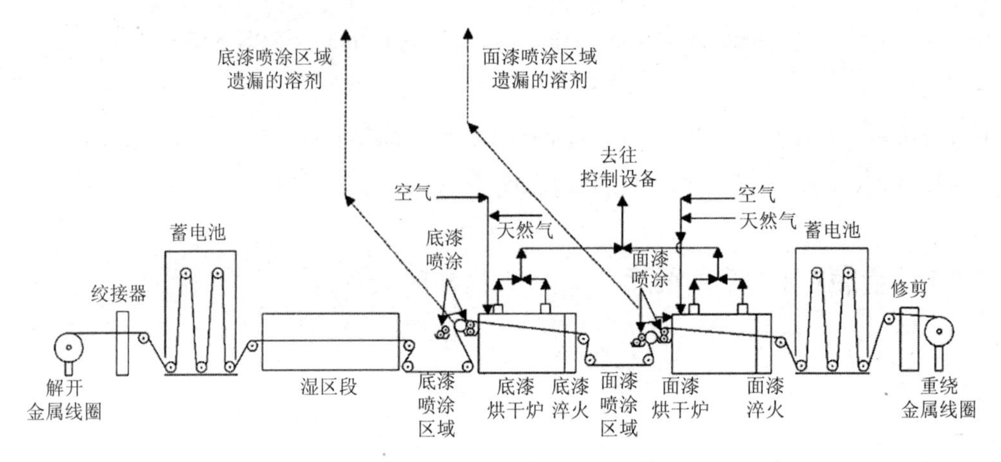

图 2-9 金属线圈喷涂线示意

线圈喷涂行业最常用的溶剂包括二甲苯、甲苯、甲基乙基酮（Methyl Ethyl Ketone，MEK）、乙酸溶纤剂、丁醇、双丙酮醇、乙氧基乙醇、乙二醇丁醚、芳烃油溶剂 100 和 150、异佛尔酮、丁基甲醇、矿油精、乙醇、硝基丙烷、四氢呋喃、Panasolve、甲基异丁酮、Hisol 100、Tenneco T-125、异丙醇以及二异戊基甲酮。

线圈喷涂操作可分为两种操作类型：外包喷涂和内部喷涂。外包喷涂是指服务商按照每个客户的需要和规格要求进行喷涂，喷涂好的金属件直接交付给客户，由客户组装形成最终产品。外包喷涂商使用许多不同的涂料配方，通常使用有机溶剂涂料。外包喷涂操作的主要市场包括运输行业、建筑行业，以及设备、家具和容器制造商。内部喷涂通常是制造过程中的一项操作。许多钢材和铝材公司具有自己的线圈喷涂操作体系，在那里喷涂所生产出的金属，然后形成最终产品。内部喷涂通常使用水性涂料，因为喷涂的金属通常仅用于很少的最终产品。生产铝墙板这类产品时，最常使用的是水性金属涂料。

2.11.2 排放物及其控制 [1-12]

VOC 是金属线圈表面喷涂操作中排放的主要污染物。排放 VOC 的特定操作环节是喷涂站、固化炉和淬火区域。这些内容在图 2-9 中已标明。排放的 VOC 是由涂料中包含的有机溶剂蒸发形成的。每个排放点排出的 VOC 总量的百分比随具体安装情况而有所变化，但是平均而言，喷涂站排放的比例约为 8%，烘干炉为

90%，淬火区域为 2%。在大多数喷涂线上，喷涂站是封闭的且带有护罩，可以捕获逸散型排放物并将它们送往烘干炉。淬火区域紧邻烘干炉的出口端，也是封闭的，因此淬火区域中排放的大部分废气都会被捕获到并由烘干炉通风空气送往烘干炉。在这类操作中，总排放量中约有 95%的废气由烘干炉排出，其余的 5%作为逸散型排放物溜走了。

由于安装方式不同，各个线圈喷涂线的 VOC 排放等级可能差异很大。影响排放等级的因素包括所用涂料的 VOC 含量、VOC 密度、金属的喷涂面积、所用涂料的固体含量、喷涂厚度和所用涂料的数量。由于涂料是用辊式喷涂方式喷涂的，通常传输效率接近 100%，因而不会影响排放等级。

线圈喷涂行业广泛使用两种排放控制技术：焚化和使用 VOC 含量较低的涂料。焚化炉可以是热炉，也可以是催化炉，经试验证明，二者均可实现 95%或更高的 VOC 破坏效率。使用喷涂室或喷涂罩捕获逸散型排放物时，焚化系统可将总体排放量减少 90%或更多。

水性涂料是唯一的 VOC 含量较低的涂料，广泛用于线圈喷涂行业。与大多数有机溶剂型涂料相比，水性涂料排放的 VOC 总体较低。在喷涂少量产品的金属配件（如建筑材料）时，往往会使用水性涂料来控制排放量。有些公司生产和出售由喷涂好的线圈组装的产品，它们往往内部完成这类喷涂操作。由于尚未针对许多喷涂好的金属线圈研发专门的水性涂料，因此外包喷涂服务商使用有机溶剂型涂料并通过焚化技术控制其排放量。大多数较新的焚化炉设备使用热回收来降低焚化系统的操作成本。

表 2-18 给出了线圈喷涂操作的排放因子以及用于计算排放因子的公式。给出的值表示小规模、中等规模和大规模线圈喷涂线产生的最大、最小和平均排放量。计算平均排放因子时，需要用到平均膜厚度和平均溶剂含量。计算最大和最小排放因子时，需要用到该行业所使用的 VOC 含量的最大值和最小值。

在计算大量线圈喷涂源的 VOC 排放量方面，表 2-18 中的排放因子非常有用，但是它们可能并不适用于各个工厂。要计算特定工厂的排放量，应获得线圈喷涂线的操作参数，并在表 2-18 的脚注给出的公式中使用这些参数。如果使用的底漆和面漆不同，则必须针对每一种漆单独进行计算。表 2-19 中给出了排放因子所依据的操作参数。

表 2-18 线圈喷涂的排放因子[a]

排放因子等级：C

涂料	kg/h（lb/h）		kg/m²（lb/ft²）	
	平均	正常范围	平均	正常范围
溶剂型				
未加以控制	303 （669）	50～1 798 （110～3 964）	0.060 （0.012）	0.027～0.160 （0.006～0.033）
加以控制[b]	30 （67）	5～180 （11～396）	0.006 0 （0.001 2）	0.002 7～0.016 0 （0.000 6～0.003 3）
水性	50 （111）	3～337 （7～743）	0.010 8 （0.002 1）	0.001 1～0.030 1 （0.000 3～0.006 2）

[a] 所有的非甲烷 VOC。可以使用以下公式和表 2-19 给出的操作参数计算排放量。

$$E=\frac{0.623\times A\cdot T\cdot V\cdot D}{S}$$

式中：E—— 每小时排放的 VOC 的量，lb/h；

A—— 每小时完成的金属喷涂面积，ft²，为线速度（ft/min）×金属条宽度（ft）×60 min/h；

T—— 所用涂料烘干后的膜的总厚度，in；

V—— 涂料的 VOC 含量（体积分数）；

D—— VOC 密度（假设为 7.36 lb/gal）；

S—— 涂料的固体含量（体积分数）；

0.623 —— 转换因子 7.48 gal/ft³ 除以转换因子 12 in/ft 所得的结果。

$$M=\frac{E}{A}$$

式中：M—— 每个单位喷涂面积所产生的 VOC 排放量。

[b] 计算时，假定总体控制效率达到 90%（控制设备的捕获效率和移除效率均为 95%）。

表 2-19 小规模、中等规模和大规模线圈喷涂线的操作系数[a]

线规模	线速度/（ft/min）	条宽度/ft	烘干后膜的总厚度[b]/in	VOC 含量[c]（体积分数）	固体含量[c]（体积分数）	VOC 密度[b]/（lb/gal）
溶剂型涂料						
小规模	200	1.67	0.001 8	0.40	0.60	7.36
中等规模	300	3	0.001 8	0.60	0.40	7.36
大规模	500	4	0.001 8	0.80	0.20	7.36
水性涂料						

线规模	线速度/（ft/min）	条宽度/ft	烘干后膜的总厚度[b]/in	VOC 含量[c]（体积分数）	固体含量[c]（体积分数）	VOC 密度[b]/（lb/gal）
小规模	200	1.67	0.001 8	0.02	0.50	7.36
中等规模	300	3	0.001 8	0.10	0.40	7.36
大规模	500	4	0.001 8	0.15	0.20	7.36

[a] 取自参考文献 3。

[b] 计算排放因子时假定的平均值。应使用实际值来计算各个源产生的排放量。

[c] 在计算每个规模的工厂对应的排放因子（给出最大、最小和平均排放因子）时，已使用其中 VOC 含量和固体含量的所有数值。

2.11.3 参考文献

1. *Metal Coil Surface Coating Industry — Background Information For Proposed Standards*，EPA-450/3-80-035a，U.S. Environmental Protection Agency，Research Triangle Park，NC，October 1980.

2. *Control Of Volatile Organic Emissions From Existing Stationary Sources Volume II：Surface Coating Of Cans，Coils，Paper，Fabrics，Automobiles，And Light Duty Trucks*，EPA-450/2-77-008，U.S. Environmental Protection Agency，Research Triangle Park，NC，May 1977.

3. Unpublished survey of the Coil Coating Industry，Office Of Water And Waste Management，U.S. Environmental Protection Agency，Washington，DC，1978.

4. Communication between Milton Wright，Research Triangle Institute，Research Triangle Park，NC，and Bob Morman，Glidden Paint Company，Strongville，OH，June 27，1979.

5. Communication between Milton Wright，Research Triangle Institute，Research Triangle Park，NC，and Jack Bates，DeSoto，Incorporated，Des Plaines，IL，June 25，1980.

6. Communication between Milton Wright，Research Triangle Institute，Research Triangle Park，NC，and M. W. Miller，DuPont Corporation，Wilmington，DE，June 26，1980.

7. Communication between Milton Wright，Research Triangle Institute，Research Triangle Park，NC，and H. B. Kinzley，Cook Paint and Varnish Company，Detroit，MI，June 27，1980.

8. Written communication from J. D. Pontius，Sherwin Williams，Chicago，IL，to J. Kearney，Research Triangle Institute，Research Triangle Park，NC，January 8，1980.

9. Written communication from Dr. Maynard Sherwin，Union Carbide，South Charleston，WV，to

Milton Wright，Research Triangle Institute，Research Triangle Park，NC，January 21，1980.

10. Written communication from D. O. Lawson，PPG Industries，Springfield，PA，to Milton Wright，Research Triangle Institute，Research Triangle Park，NC，February 8，1980.

11. Written communication from National Coil Coaters Association，Philadelphia，PA，to Office Of Air Quality Planning And Standards，U.S. Environmental Protection Agency，Research Triangle Park，NC，May 30，1980.

12. Written communication from Paul Timmerman，Hanna Chemical Coatings Corporation，Columbus，OH，to Milton Wright，Research Triangle Institute，Research Triangle Park，NC，July 1，1980.

2.12 大型设备表面喷涂

2.12.1 概述 [1]

大型设备表面喷涂是指在预制的大型设备零件上喷涂保护性或装饰性有机涂料。本节所述大型设备是指任何金属产品、炉、微波炉、冰箱、冰柜、洗衣机、烘干机、洗碗机、热水器或垃圾压缩器。

无论是哪种设备，制造过程中的操作都是类似的。金属线圈或金属板都会被切割并冲压成适当的形状，并将主要零件焊接在一起。焊接的零件要用有机脱脂剂和/或腐蚀性清洁剂清洗，去除处理过程中积聚的油脂和氧化皮，然后将零件经过一次或多次水洗冲洗干净。此后通常还要执行一项操作，目的是在电泳槽中处理金属之前提升金属的表面触感。通常使用磷酸铁或磷酸锌使结晶磷酸盐的微小基体沉积在金属表面。此操作可以实现防腐性，而且可以增大零件的表面区域，进而实现卓越的喷涂附着力。高反应活性金属往往要用防锈剂加以保护，防止在喷涂之前生锈。

按照传统，一直都使用两种不同的涂料喷涂这些准备好的设备零件：保护性底漆（也能覆盖住表面缺陷并增加总喷涂厚度）和最终的装饰面漆。仅喷涂一道底漆或一道面漆的单层喷涂系统较为常见。对于那些客户看不见的零件，单单上一道底漆可能就足够了。对于那些露在外面的零件，可能要调配并喷涂保护漆作为面漆。在大型设备行业，有许多不同的喷涂技术，包括手工、自动和静电喷涂操作，以及多种浸涂方法。方法的选择在很大程度上取决于零件的几何构造和使用、生产率，以及所用的涂料类型。图 2-10 显示了这些喷涂方法的典型应用。

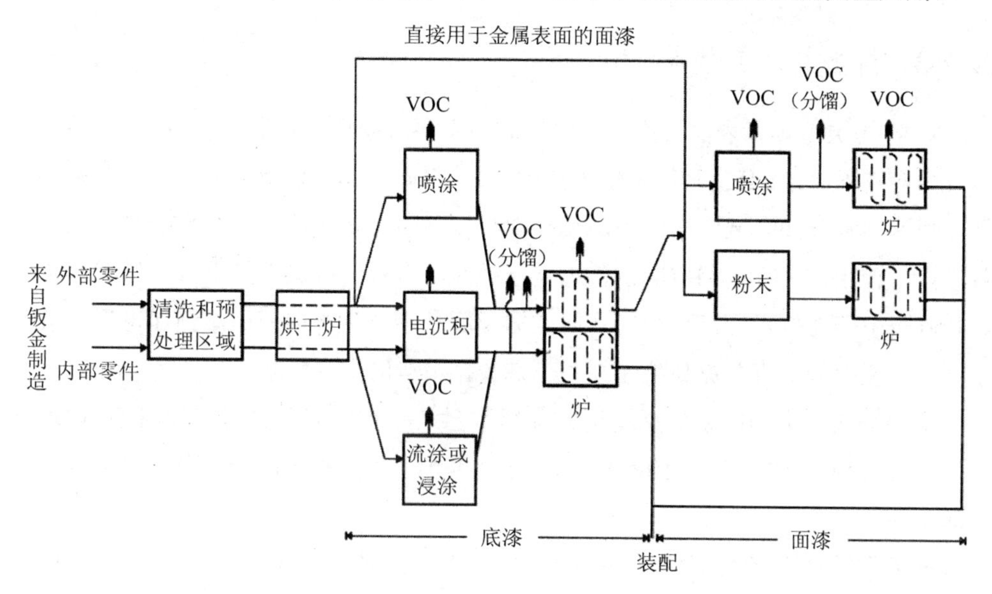

图 2-10 大型设备行业中典型的涂料喷涂方法

大型设备行业使用各种各样的涂料配方，普遍使用的涂料类型包括环氧树脂、丙烯酸环氧树脂、丙烯酸树脂以及聚酯磁漆。液体涂料可以使用有机溶剂或水作为固体涂料的主要载体。

水性涂料主要分为 3 类：水溶液、水乳胶和水分散体，但所有的水性涂料都包含少量（最多 20%）的有机溶剂作为稳定剂、分散剂或乳化剂。水生体系与有机溶剂体系相比，具备一些优势。它们的黏性不会随着固体分子量的增加而显著增大，它们是不易燃的，且毒性有限。但是，由于水分挥发速度相对较慢，因此很难用水性涂料实现光滑的装饰效果。通常会产生凹凸不平的“橘皮”表面。出于这种原因，在大型设备行业水性涂料主要用作底漆。

虽然传统的有机溶剂型涂料也被用作底漆，但是主要还是用作面漆。在大型零件上使用静电喷涂技术喷涂这种涂料，可实现装饰效果的可控性和这些材料的可处理性。最常用的有机溶剂为酮、酯、乙醚、芳烃和醇。为了获得或保持某些应用特性，通常在工厂时会在涂料中加一些溶剂。该行业逐渐接受使用粉末涂料作为面漆原料。这些涂料以干粉形式涂抹，然后通过加热熔化为连续的涂层膜，产生的排放量微乎其微。

2.12.2 排放物及其控制[1-2]

VOC是大型设备表面喷涂操作中排放的主要污染物。涂料中包含的有机溶剂蒸发时会在喷涂站、分馏区域和烘干炉中排放VOC。VOC总排放量中预计有80%是在喷涂站和分馏区域中排出的，其余20%是在烘干炉中排出的。由于排放物分散广泛，使用捕获系统和控制设备不是一种经济有效的排放控制手段。虽然焚化炉和碳吸附器在技术上是可行的，但是据了解并未在生产中使用，预计也不会被使用。优化涂料配方并提高喷涂效率是减少排放量的主要措施。

影响排放等级的因素包括使用的涂料数量、涂料的固体含量、涂料的 VOC 含量以及 VOC 密度。使用的涂料数量包含 3 个变量：喷涂面积、喷涂厚度以及喷涂效率。

虽然降低涂料VOC含量会减少排放量，但是涂料喷涂时达到的传输效率（即喷涂给定表面区域所需的涂料数量）也会直接影响排放量。如果传输效率为60%，则意味着使用的固体涂料中有60%沉积在设备零件上，其他40%因过量喷涂而浪费了。与传输效率较低的系统相比，VOC含量指定的情况下，传输效率较高的应用系统所具备的排放等级较低，因为喷涂相同的表面面积所用的涂料量较少。由于并不是每一种应用方法都可用于所有的喷涂零件和喷涂类型，因此该行业的传输效率为40%～95%。

尽管水性底漆很常见，但是面漆的使用趋势却是“固体含量较高”的溶剂型材料，通常固体含量为60%或更高。虽然需要使用不同类型的涂料来满足不同的性能规格，但是减少涂料 VOC 含量，同时提高传输效率，这两者相结合的方式是减少排放量的最常用方式。

如果缺少用于将数量已知的 VOC 排放到大气之前将其消除或破坏的控制系统，可以通过均衡物料来最快速且最准确地计算出排放量。下面显示了用于计算排放量的公式。如果此公式的参数已知或可确定，则鼓励使用此公式。如果同时使用底漆和面漆，则必须单独计算每种漆产生的排放量，并累加起来算出总排放量。由于产品混合和工厂规模的多样化，因此很难提供“典型”设备所对应的排放因子。不过，这里提供了公式中多种变量的大概值。

$$E = \frac{6.234 \times 10^{-4} \times P \cdot A \cdot t \cdot V_o \cdot D_o}{V_s \cdot T} + L_d \cdot D_d$$

式中：E——每单位时间排放的 VOC 的量，lb/单位时间；

P——每单位时间生产的数量；

A——每生产单位喷涂的面积，ft^2（见表 2-20）；

t——烘干的涂料厚度，mil（见表 2-20）；

V_o——涂料中 VOC 的比例，体积分数（收货时）；

D_o——涂料中 VOC 溶剂的密度，lb/gal（收货时）；

V_s——涂料中固体的比例，体积分数（收货时）；

T——传输效率（分数：沉积到设备零件中的固体涂料与使用的固体涂料的总量之比，见表 2-21）；

L_d——每单位时间添加到涂料中的 VOC 溶剂的数量，gal/单位时间；

D_d——添加的 VOC 溶剂的密度，lb/gal；

6.234×10^{-4}——两个转换因子的乘积，即 $\frac{8.333 \times 10^{-5}\,\text{ft}}{\text{mil}}$ 和 $\frac{7.481\,\text{gal}}{\text{ft}^3}$ 的乘积。

如果所有的数据均不能用于完成上述公式计算，则可以将以下值用作大概值：$V_o = 0.38$；$D_o = 7.36$ lb/gal；$V_s = 0.62$；$L_d = 0$（假定在工厂中未添加溶剂）。

如果缺少所有的操作数据，可以对设备工厂平均使用每年 49.9 Mg 的估计排放量。由于工厂的排放量之间差异很大（每年从不足 10 Mg 到超过 225 Mg 不等），在大型地理区域以外的任何情况下使用此估计值时，建议谨慎一些。大多数已知的大型设备工厂位于不符合标准的地区，臭氧含量达不到国家环境空气质量标准（National Ambient Air Quality Standard，NAAQS）。每年 49.9 Mg 的平均水平基于每加仑涂料（减去水的部分）排放 2.8 lb 的 VOC 排放限值，这一限值是由这些地区适用的控制技术指南（Control Techniques Guideline，CTG）建议的。对于在没有排放限值的地区中运营的工厂，排放量可能要比依据 CTG 建议限值的同类工厂要高出 4 倍。

表 2-20 喷涂面积和喷涂厚度[a]

设备	底漆		面漆	
	A/ft^2	t/mil	A/ft^2	t/mil
压缩机	20	0.5	20	0.8
洗碗机	10	0.5	10	0.8
烘干机	90	0.6	30	1.2
冰柜	75	0.5	75	0.8
微波炉	8	0.5	8	0.8
炉	20	0.5	30	0.8
冰箱	75	0.5	75	0.8
洗衣机	70	0.6	25	1.2
热水器	20	0.5	20	0.8

[a] A 表示每生产单位喷涂的面积；t 表示烘干的涂料厚度。

表 2-21 传输效率

应用方法	传输效率 T
空气雾化喷涂	0.40
无空气喷涂	0.45
手动静电喷涂	0.60
流涂	0.85
浸涂	0.85
非旋转式自动静电喷涂	0.85
旋转式自动静电喷涂	0.90
电沉积	0.95
粉末	0.95

2.12.3 参考文献

1. *Industrial Surface Coating: Appliances—Background Information For Proposed Standards*, EPA-450/3-80-037a, U.S. Environmental Protection Agency, Research Triangle Park, NC, November 1980.

2. *Industrial Surface Coating: Large Appliances—Background Information For Promulgated Standards*，EPA 450/3-80-037b，U.S. Environmental Protection Agency，Research Triangle Park, NC，27711，October 1982.

2.13 金属家具表面喷涂

2.13.1 概述

金属家具表面喷涂流程分多个步骤，包含表面清洁、上漆和固化，如办公桌、椅子、餐桌、橱柜、书架和带锁存物柜等家具通常都是在同一家工厂进行原材料组装，直到成品诞生。该行业主要使用溶剂型涂料，采用喷涂、浸涂或流涂 3 种流程。喷涂是最常用的上漆技术。喷涂生产线的组成部分因工厂而异，但是通常都包含以下几个方面：

- 3～5 段/级洗涤塔
- 烘干炉
- 喷涂室
- 分馏区域
- 烤炉

要喷涂的物品首先要在洗涤塔中进行清洗，去除表面的所有油脂、油污或污垢。物品在洗涤塔中通常要经过碱性清洗溶剂清洗，然后经过磷酸盐处理来提升表面黏附特性，最后经过热水冲洗。紧接着要在烘干炉中烘干，并转运到喷涂室进行表面喷漆。喷漆之后，物品被转运到分馏区域，再到烤炉完成表面喷漆固化。图 2-11 显示了这一系列连续步骤的示意图。尽管大多数金属家具产品仅采用一道漆，但是一些工厂在上面漆之前会先上一道底漆，目的是提升产品的防腐性。在这样的情况下，在进入烘干炉烘干之后，要在喷涂线上增加上底漆用的单独的喷涂室和烤炉。

该行业中使用的涂料主要是溶剂型树脂，包括丙烯酸树脂、胺类、乙烯基和纤维化合物。一些金属漆也用在办公家具上。使用的溶剂是脂肪类、二甲苯、甲苯和其他芳香烃的混合物。该行业一直使用的典型涂料包含 65%的溶剂和 35%的固体。该行业目前正在使用的其他类型的涂料是水性涂料、粉末型涂料和溶剂型高固体涂料。

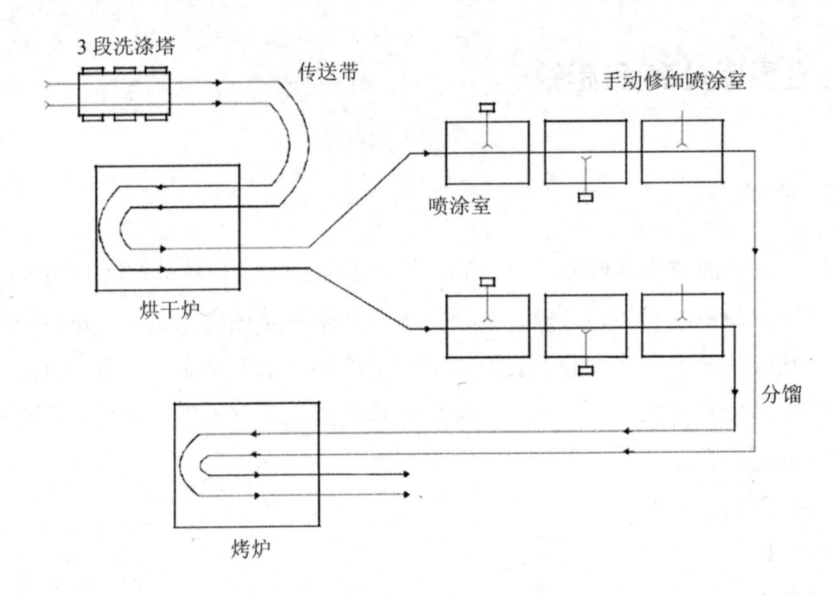

图 2-11 自动化喷涂线（包含手动修饰）的示例

2.13.2 排放物及其控制

涂料中的有机溶剂在蒸发时排放的 VOC 是金属家具表面喷涂操作中的主要污染物。排放 VOC 的特定操作环节是上漆流程、分馏区域和烤炉。由于安装设施不同，每个排放点的排放量占 VOC 总量的百分比也有所不同，但是在一般的喷漆生产线上，平均测算的结果是：喷漆台排放的 VOC 大约占 40%，分馏区域占 30%，烤炉占 30%。

影响金属家具表面喷涂操作中 VOC 排放量的几个因素为所用涂料的 VOC 含量、涂料中的固体含量以及传输效率。当涂料中包含其他成分（如水等）时，了解涂料中的 VOC 含量和固体含量是很有必要的。

传输效率（喷涂在部件上的涂料中所含固体体积占所耗用的涂料总量的百分数）因上漆技术而异。标准（或常规）喷涂操作的传输效率在 25%～50%。静电喷涂操作的传输效率在 50%～95%，这是一种使用电势来提高固体涂料传输效率的方法。正常情况下，粉末喷涂系统会捕获并循环使用过喷材料，因而在提高“利用率”而不是传输率时，会考虑使用这些系统。大多数工厂的粉末利用率可达到

90%～95%。

表 2-22 给出了各种上漆设备的传输效率的典型值。

表 2-22 上漆方法与传输效率

上漆方法	传输效率 TE/%
空气雾化喷涂	25
无空气喷涂	25
手动静电喷涂	60
非旋转式自动静电喷涂	70
旋转式静电喷涂（手动和自动）	80
浸涂和流涂	90
电沉积	95

可以使用两类控制技术来减少金属家具表面喷涂操作中排放的 VOC。第一种技术是使用控制设备（如碳吸附器以及热焚化炉或催化焚化炉）在将 VOC 排放到环境空气之前先对其进行回收或破坏。然而，这种控制方法在该行业中很少用，因为废气数量巨大且废气中的 VOC 浓度比较低，这些都会降低其传输效率。第二种更为普遍的控制技术是减少可能蒸发和排放的 VOC 总量。这项技术是通过使用 VOC 含量较低的涂料并提高传输效率来实现的。可以使用 VOC 等级相对较低的新型涂料来取代 VOC 含量较高的传统涂料，这些新型涂料包括水性涂料、粉末涂料和高固体涂料。通过提高涂料传输效率可以减少为实现给定膜厚度而必须使用的涂料数量，进而可以减少排放到环境空气中的 VOC。通过使用传输效率提高且涂料 VOC 含量较低的喷涂体系（如静电喷涂），可以将 VOC 排放量减少到接近使用控制设备所达到的效果。

表 2-23 和表 2-24 中的数据代表从具有类似操作特点的现有工厂获得的数据值。每个工厂都有各自的涂料配方、上漆设备和操作参数的组合数据。建议在计算排放估算值时，尽可能针对所有变量获得工厂特定值。

表 2-23 喷涂工艺的操作参数

工厂规模	工作时间表/（h/a）	喷涂线数量/个	喷涂线速度[a]/（m/min）	表面喷涂面积/（m^2/a）	所用涂料数量[b]/L
小型	2 000	1（1 个喷涂室）	2.5	45 000	5 000
中型	2 000	3（3 个喷涂室/线）	2.4	780 000	87 100
大型	2 000	10（3 个喷涂室/线）	4.6	4 000 000	446 600

[a] 喷涂线速度并不用于计算排放量，而是仅用于具体表示工厂操作。

[b] 使用 35%的固体涂料，采用静电喷涂方式，传输效率可达 65%。

表 2-24 表面喷涂操作所产生 VOC 的排放因子[a, b]

工厂规模和控制技术	VOC 排放量		
	kg/m^2 喷涂面积	kg/a	kg/h
小型			
未控制排放量	0.064	2 875	1.44
65%的高固体涂料	0.019	835	0.42
水性涂料	0.012	520	0.26
中型			
未控制排放量	0.064	49 815	24.9
65%的高固体涂料	0.019	14 445	7.22
水性涂料	0.012	8 970	4.48
大型			
未控制排放量	0.064	255 450	127.74
65%的高固体涂料	0.019	74 080	37.04
水性涂料	0.012	46 000	23

[a] 使用表 2-23 中给出的参数和以下公式计算得出。值已四舍五入。

$$E=\frac{0.025\,4\times A\cdot T\cdot V\cdot D}{S\cdot \mathrm{TE}}$$

式中：E —— 每小时排放的 VOC 的重量，kg；

A —— 每小时喷涂的表面面积，m^2；

T —— 喷漆后的干膜厚度，mil；

V —— 涂料的 VOC 含量，包括在工厂加入的稀释溶剂（容积分数）；

D —— VOC 密度（假定为 0.88 kg/L）；

S —— 涂料的固体含量（容积分数）；

TE —— 传输效率（百分数）；

0.025 4 —— 将每平方米喷涂的干膜体积转换为升。

示例：中等规模工厂产生的 VOC 排放量（采用 35%的固体涂料和表 2-24 中给出的参数）。

$$E = \frac{(0.025\,4)\times(390\ \text{m}^2/\text{h})\times(1\ \text{mil})\times(0.65)\times(0.88\ \text{kg/L})}{(0.35)\times(0.65)}$$

$$=24.9\ \text{kg VOC/h}$$

[b] T、V、S 和 TE 的额定值：

$T = 1$ mil（适用于所有情况）；

$V = 0.65$（未控制）、0.35（65%固体涂料）、0.117（水性涂料）；

$S = 0.35$（未控制）、0.65（65%固体涂料）、0.35（水性涂料）；

TE = 65%（适用于所有情况）。

另一种也可用于计算金属家具喷涂操作所产生排放量的方法涉及物料平衡法。假定涂料中的所有 VOC 都在工厂现场蒸发，只能使用涂料配方和给定时间段内使用的涂料总量的相关数据来计算排放量。涂料中的 VOC 溶剂百分比乘以所用的涂料数量可得出排放总量。采用这种方法计算排放量，避免了使用变量（如喷涂厚度和传输效率）的要求，而这些要求通常很难精确定义。

2.13.3 参考文献

1. *Surface Coating Of Metal Furniture—Background Information For Proposed Standards*, EPA-450/3-80-007a, U.S. Environmental Protection Agency, Research Triangle Park, NC, September 1980.

2.14 磁带制作[1-9]

磁带制作是工业纸张喷涂的一个子类别，其中包括铝箔和塑料膜的喷涂。在制作流程中，会在很薄的塑料膜或“网布”上喷涂磁性微粒、树脂和溶剂的混合物。磁带大多用于音频和视频录制以及计算机信息存储。其他用途包括磁卡、信用卡、银行转印碳带、计测磁带和录音带。磁带喷涂行业已纳入两个标准工业分类代码 3573（电子计算设备）和 3679（为另行分类的电子元件）中。

2.14.1 工艺过程说明[1-2]

磁带制作的过程包含以下几个环节：

- 混合涂料成分（包括溶剂）
- 准备网布
- 将涂料涂抹在网布上
- 定向磁性微粒
- 在烘干炉中烘干涂层
- 精压、重绕、切口、测试和封装磁带，完成磁带制作

图 2-12 显示了典型的磁带喷涂操作，指明了 VOC 排放点。典型的工厂具有 5～12 个水平或垂直溶剂储存槽，容量范围在 3 800～75 700 L，在大气压力下或稍高于大气压力下操作。涂料准备设备包括用于在喷涂之前准备磁性涂料的研磨器、混合器、修饰槽和贮存槽。磁带生产中使用 4 种类型的涂布机：挤压式（狭缝式）、凹版印刷式、刮刀式和逆转辊式（3 个和 4 个辊）。网布可以单面喷涂，也可以双面喷涂。有些产品的背面可以喷涂非磁性涂料。喷涂之后，网布要经过一个定向场，在那里电磁体或永久磁体会按照指定方向排列磁性微粒。用于生产软磁盘的网布不必经过定向流程处理。喷涂好的网布随后要经过烘干炉，涂料中的溶剂就是在这里蒸发的。通常使用空气浮选炉，用干燥的空气喷射来烘干网布。

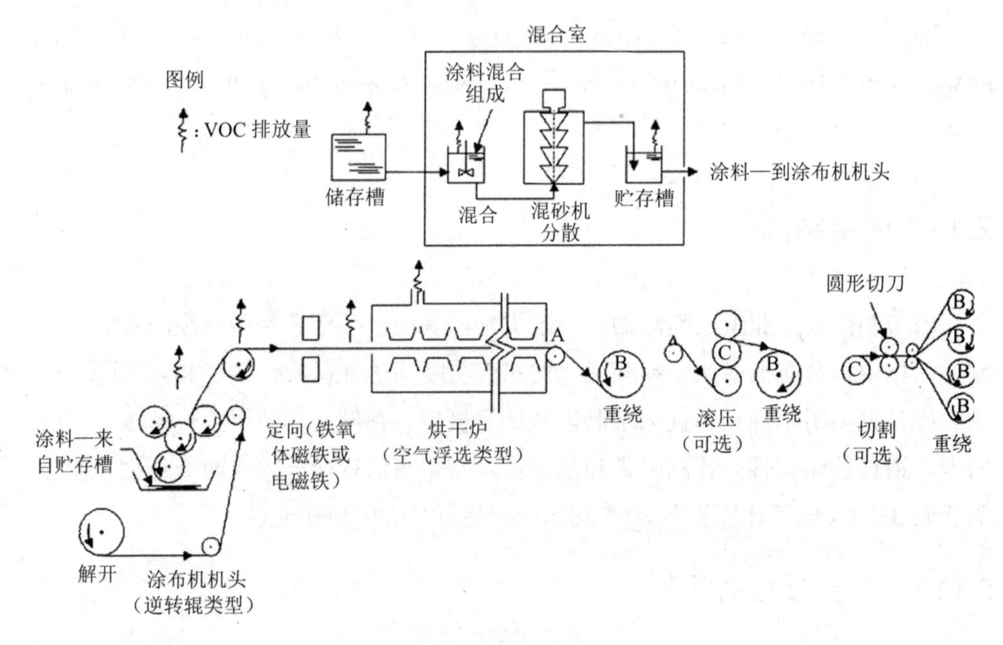

图 2-12　磁带喷涂工厂的示意 [1]

出于安全操作考虑，溶剂蒸气的浓度要控制在10%～40%的较低爆炸极限范围。涂好且烘干的网布可能要经过多个压延辊，压紧涂料并使表面光滑。根据最终产品所需的精度等级，要对其执行非破坏性测试，达到100%的操作要求。然后可将网布分成所需磁带宽度。软磁盘是用冲模在完成的网布上打孔成形的。接着即可封装最终产品。有些工厂将涂好的网布成批发运到其他工厂进行切分和封装。

高性能磁带需要在非常干净的生产条件下完成，尤其是喷涂和烘干炉区域。供给到这些区域的空气需要设定一定的标准，消除尘埃粒子并调节温度和湿度。在某些情况下，需要严格保持“净室”条件。

2.14.2 排放物及其控制[1-8]

磁带制作工厂的主要 VOC 排放源包括涂料准备设备、喷涂和分流区域，以及烘干炉。溶剂储存槽和清洗区域排放的 VOC 通常在排放总量中仅占极少的一部分，几乎微乎其微。

在混合区域或涂料准备区域中，执行以下操作期间会从各个设备排放 VOC：向混合器和贮存槽中填料、运输涂料、间歇活动（如更换贮存槽中的过滤器），以及混合涂料成分（如果混合设备未配备密封盖）。影响混合区域排放量的因素包括设备容积、设备数量、溶剂蒸气压力、吞吐量以及设备封盖的设计和性能。排放会是间歇的或连续的，具体取决于准备方法是批量准备还是连续准备。

喷涂区域产生的排放量是由喷涂设备使用期间以及暴露的网布在从涂布机传送到烘干炉（分馏）的过程中溶剂蒸发产生的。影响排放量的因素为涂料的溶剂含量、喷涂线宽度和速度、喷涂厚度、溶剂的挥发性、温度、涂布机与烘干炉之间的距离，以及喷涂区域中的气流。

烘干炉中产生的排放量是炉中蒸发的残留溶剂产生的。在这一排放点排放量是不加以控制的，这是由涂料到达烘干炉时的溶剂含量决定的。由于烘干炉会将涂料中所有残留的溶剂都蒸发掉，因此烘干之后不会排放 VOC。

溶剂类型和数量是影响磁带喷涂工厂中的所有操作所产生排放量的常见因素。蒸发或烘干速率取决于给定温度和浓度下的溶剂蒸气压力。最常用的有机溶剂是甲苯、乙基酮、环己酮、四氢呋喃和甲基异丁酮。选择溶剂时，总是要考虑其成本、溶解力、可用性、所需的蒸发速率、回收后的易用性、与溶剂回收设备的兼容性以及毒性等多个因素。

如果未对混合区域和喷涂操作（喷涂/分馏区域和烘干炉）所排放的 VOC 总量加以控制，其中大约 10%是混合区域排放的，90%是喷涂操作排放的。在喷涂操作中，大约有 10%的 VOC 产生于喷涂/分馏区域，90%产生于烘干炉。

蒸发排放物控制系统包含 2 个组件：捕获设备和控制设备。控制系统的效率由这 2 个组件的效率决定。

捕获设备用于容纳流程操作中产生的排放量并将它们送往烟囱或控制设备。房间通风系统、防护罩，以及局部和全封闭罩是喷涂区域中使用的典型捕获设备。烘干炉可被视为捕获设备，因为它能容纳并传送流程操作中排放的 VOC。对于一台捕获设备或多台捕获设备的组合，其效率是可变的，这取决于设计质量以及操作和维护级别。

控制设备的主要功能是减少排放到大气中的污染物。该行业中常用的控制设备是碳吸附器、冷凝器和焚化炉。涂料准备设备上的密封盖既可被视为捕获设备，也可以被视为控制设备，因为它们可用于将排放物送到设备外部所需的排放点，或者防止潜在排放物逸散。

碳吸附设备使用活性炭吸附气流中的 VOC，之后再从碳中解吸并回收 VOC。有两种类型的碳吸附器：固定床吸附器和流化床吸附器。固定床碳吸附器的设计采用蒸汽脱除技术来回收 VOC 并重新生成活性炭。该行业中使用的流化床设备设计为使用氮气回收 VOC 并重新生成碳。这两类设备在设计、操作和维护得当的情况下，都可实现 95%的典型 VOC 控制效率。

冷凝器通过将溶剂负载的气体冷却到溶剂的露点，然后收集液滴，来控制 VOC 排放量。在商业领域中，有 2 种冷凝器设计：氮气（惰性气体）气氛和空气气氛。这些系统在烘干炉的设计和操作（即在炉中使用氮气或空气）以及溶剂负载空气的冷却方法（即液态氮或制冷）上有所不同。这两种设计类型均可实现 95%的 VOC 控制效率。

焚化炉通过将有机化合物氧化成二氧化碳和水来控制 VOC 排放量。用于控制 VOC 排放量的焚化炉可以采用热量设计或催化设计，并且可以使用主要或次要热能回收技术来减少燃料成本。热焚化炉的操作温度约为 890℃（1 600℉），能确保有机化合物氧化。催化焚化炉的操作温度在400～540℃（750～1 000℉），使用催化剂来实现VOC的氧化。这两种设计类型均可实现98%的典型VOC控制效率。

密封盖通过减少蒸发损失，来控制涂料准备设备排放的VOC。影响这些控制效率的参数为溶剂蒸气压力、循环温度变化、贮存槽大小以及产品吞吐量。涂料准备设备上的密封盖在状况良好的情况下，可减少40%的排放量。通过将封盖设备用通风管道连接至吸附器、冷凝器或焚化炉，可使控制效率达到95%或98%。

在捕获设备和控制设备的效率已知时，控制系统的效率可用以下公式计算：

$$捕获效率 \times 控制系统效率 = 控制设备效率$$

该公式中的各个效率是分数，而不是百分数。例如，如果一个风罩系统将60%的VOC排放量送往效率为90%的碳吸附器，那么控制系统的效率为54%（0.60 × 0.90 = 0.54）。表2-25汇总了各种控制系统效率，可用于在缺少设备和喷涂操作相关测量数据的情况下计算排放量。

表2-25 典型的控制效率[a]

控制技术	控制效率/%[b]
涂料混合准备设备	
未加以控制	0
密封盖	40
带有碳吸附器/冷凝器的密封盖	95
喷涂操作[c]	
局部通风，带有碳吸附器/冷凝器	83
部分封闭，带有碳吸附器/冷凝器	87
全封闭，带有碳吸附器/冷凝器	93
全封闭，带有焚化炉	95

[a] 参考文献1。

[b] 适用于指定操作区域的排放量未加以控制的情况，而不是整个工厂。

[c] 包括喷涂/分馏区域以及烘干炉。

2.14.3 排放量计算技术[1, 3-9]

在该行业中，计算实际排放量时需要用到溶剂消耗数据。但对涂料配方、喷涂线速度和产品中的差异化很难做出可靠的推断。

在那些不控制排放量的工厂和那些回收 VOC 进行重复使用或销售的工厂，假定用购买的所有溶剂来取代已排放的溶剂，通过执行液态物料衡算，可计算出工厂范围的排放量。任何可识别且可计算的支流都应从总量中减去。可以使用以下常规公式执行液态物料衡算：

购买的溶剂 - 可计算的溶剂输出量 = 排放的 VOC

第一项包含购买的所有溶剂，包括稀释剂、清洁剂，以及涂料配方中直接使用的任何溶剂。需要从这一总量中减去任何可计算的溶剂输出量。输出量可以包括回收后出售在工厂外部使用的溶剂或废气流中包含的溶剂。不要减去回收后在工厂重复使用的溶剂。

这种方法的优点是基于通常现成可用的数据，反映实际操作，而不是理论上稳定状态的生产和控制条件，而且包括来自工厂所有来源的排放物。但要注意，不要在时间跨度太短的情况下应用此方法。溶剂购买、生产和废气处理是按周期循环发生的，不可能恰好同时发生。

有时候，液态物料衡算可能是在比整个工厂更小的规模下进行的。对于单一喷涂线或一组喷涂线，如果具备专用混合区域以及专用控制和回收系统，那么这类方法可能是可行的。在这种情况下，应从混合区域中计量的溶剂总量开始计算，而不是购买的溶剂。要从这一数量中减去回收的溶剂，无论这些溶剂是否要在现场重复使用。当然，按照前文所述，其他溶剂输入和输出流必须要计算在内。然后要计算溶剂输入总量与输出总量的差，得出设备排放 VOC 的数量。

计量仪、混合区域、生产设备和控件的配置往往会使液态物料衡算方法不能发挥作用。当控制设备破坏了潜在的排放物时，或者当液态物料衡算因其他原因不合适时，可以将针对工厂各个特定区域计算的排放量累加求和，来计算工厂范围的排放量。

计算喷涂操作（喷涂/分馏区域和烘干炉）所产生的 VOC 排放量时，首先假定未加以控制的排放等级等于所用涂料中包含的溶剂数量。换句话说，涂料中的所有 VOC 在烘干流程结束时都会蒸发掉。

在计算所用溶剂的数量时，有两个因素必须要考虑：涂料的溶剂含量以及所用涂料的数量。涂料溶剂含量可以使用 EPA 参考方法 24 直接测量，也可以使用通常可从工厂所有者/操作员那里获得的涂料配方数据进行计算。所用涂料的数量可以直接计量。如果无法计量，则必须根据生产数据加以确定。这些数据应该可以从工厂所有者/操作员那里获得。在考虑这2个因素时应谨慎，确保其单位一致。如果无法获得工厂特定的数据，则可以使用表2-26中的信息来大概得出所用溶剂的数量。

表2-26 所选的涂料混合属性[a]

参数	单位	范围
固体	%（重量百分数）	15～50
	%（体积百分数）	10～26
VOC	%（重量百分数）	50～85
	%（体积百分数）	74～90
涂料密度	kg/L	1.0～1.2
	lb/gal	8～10
涂料固体密度	kg/L	2.8～4.0
	lb/gal	23～33
树脂/黏合剂	%（固体的重量百分数）	15～21
磁性粒	%（固体的重量百分数）	66～78
磁性材料的密度	kg/L	1.2～4.8
	lb/gal	10～40
黏性	Pa·s	2.7～5.0
	$lb_f \cdot s/ft^2$	0.06～0.10
喷涂厚度		
湿	μm	3.8～54
	mil	0.15～2.1
干	μm	1.0～11
	mil	0.04～0.4

[a] 参考文献9。在工厂特定的数据不可用时使用。

计算未加以控制的排放量时，可以通过应用控制系统效率因子来计算加以控制的排放等级：

（未加以控制的VOC）×（1−控制系统效率）=排放的VOC

如前文所述，控制系统效率是捕获设备效率与控制设备效率的乘积。如果这些值未知，则可以采用表2-25中显示的捕获设备和控制设备的一些组合对应的典型效率。需要注意的是，这些控制系统效率仅适用于该系统所支持的区域内产生的排放量。处理废水或废弃的涂料等源头产生的排放量可能根本无法控制。

如果需要单独计算混合区域产生的排放量，有必要采用一种稍有不同的方法。在这里，未加以控制的排放量仅包含溶剂总量中在混合流程期间蒸发的那部分溶剂。混合区域中的液态物料衡算（即进入的溶剂减去所用涂料的溶剂含量）会提供一个很好的计算结果。如果缺少任何测量的值，则可以假定在混合流程期间进入混合区域的溶剂总量的 10%（非常接近）被排放出来。在计算混合区域中未加以控制的排放量时，可以按照前面讨论的方法计算加以控制的排放等级。表 2-25 列出了涂料混合准备设备对应的典型总体控制效率。

在该行业中发现的典型尺寸的溶剂储存槽仅在几个国家和地区有相关规定。储存槽产生的排放量通常比较小（每年 130 kg 或更少）。如果需要计算排放量，可以使用第 7 章提供的表和图进行计算。

2.14.4 参考文献

1. *Magnetic Tape Manufacturing Industry—Background Information For Proposed Standards*, EPA-450/3-85-029a, U.S. Environmental Protection Agency, Research Triangle Park, NC, December 1985.

2. *Control Of Volatile Organic Emissions From Existing Stationary Sources—Volume II: Surface Coating Of Cans, Coils, Paper, Fabrics, Automobiles, And Light Duty Trucks*, EPA 450/2-77-008, U.S. Environmental Protection Agency, Research Triangle Park, NC, May 1977.

3. C. Beall, "*Distribution Of Emissions Between Coating Mix Preparation Area And The Coating Line*", Memorandum file, Midwest Research Institute, Raleigh, NC, June 22, 1984.

4. C. Beall, "*Distribution Of Emissions Between Coating Application/Flashoff Area And Drying Oven*", Memorandum to file, Midwest Research Institute, Raleigh, NC, June 22, 1984.

5. *Control Of Volatile Organic Emission From Existing Stationary Sources—Volume I: Control Methods For Surface-coating Operations*, EPA-450/2-76-028, U.S. Environmental Protection Agency, Research Triangle Park, NC, November 1976.

6. G. Crane, *Carbon Adsorption For VOC Control*, U.S. Environmental Protection Agency, Research Triangle Park, NC, January 1982.

7. D. Mascone，"*Thermal Incinerator Performance For NSPS*"，Memorandum，Office Of Air Quality Planning And Standards，U.S. Environmental Protection Agency，Research Triangle Park，NC，June 11，1980.

8. D. Mascone，"Thermal Incinerator Performance For NSPS，Addendum"，Memorandum，Office Of Air Quality Planning And Standards，U.S. Environmental Protection Agency，Research Triangle Park，NC，June 22，1980.

9. C. Beall，"Summary Of Nonconfidential Information On U.S. Magnetic Tape Coating Facilities"，Memorandum，with attachment，to file，Midwest Research Institute，Raleigh，NC，June 22，1984.

2.15 商用机器的塑料部件表面喷涂

2.15.1 概述[1-2]

商用机器的塑料部件表面喷涂是指在商用机器的塑料部件上进行喷漆的操作流程，目的是提升塑料部件的外观效果、保护塑料部件免受物理或化学应力影响，以及/或者削弱可能会穿过塑料外壳的电磁干扰/无线电频率干扰（Electromagnetic Interference/Radio Frequency Interference，EMI/RFI）。商用机器的塑料部件是合成聚合物，加工成面板、外壳、底座、封盖或其他商用机器组件。商用机器类别包括打字机、电子计算设备、计算和核算机、电话和电报设备、影印机以及各种办公机器。

给塑料部件喷涂外层漆的流程包括表面准备、喷涂和固化 3 个步骤，每个步骤可能要重复多次。表面准备可能仅涉及擦拭表面，也可能涉及打磨和打腻子以使表面光滑平整。塑料部件被放置在支架或托盘上，或者悬挂在支架或托盘上通过上方的传送轨道在喷涂室、分馏区域和烘干炉之间传输。部件是在局部封闭的喷涂室进行喷涂的。引导气流始终被保留在喷涂室中，免除喷涂过量的情况，并使溶剂浓度在室内空气下始终保持安全等级。尽管低温烤炉［60℃（140℉）或更低］常常用于加速固化进程，涂料也还是会在室温下部分或全部固化。

干式过滤器和水幕（在水洗喷涂室中）用于从喷涂室废气中去除喷到范围之外的涂料粒子。在水洗喷涂室中，大多数不溶性物质作为沉渣进行收集，但是其中的一些物质会随着可溶性涂料成分一起分散在水中。图 2-13 描绘了典型的干式过滤器喷涂室，图 2-14 描绘了典型的水洗喷涂室。

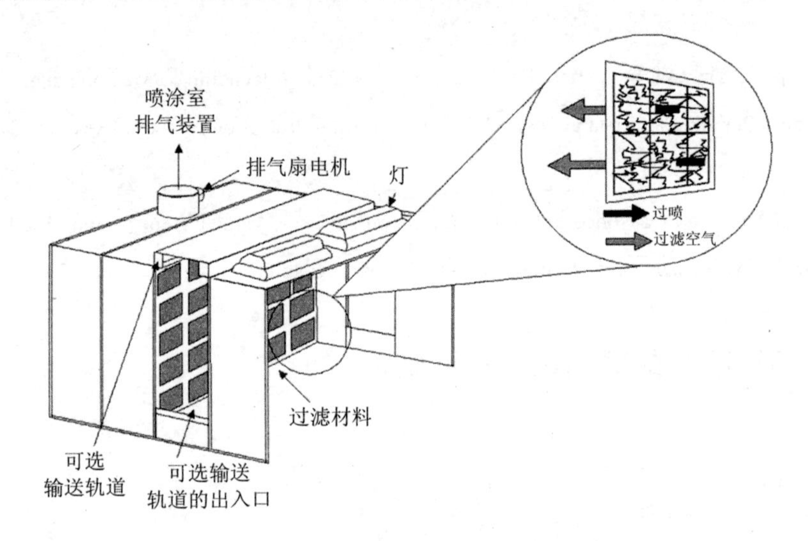

图 2-13 典型的干式过滤器喷涂室 [3-4]

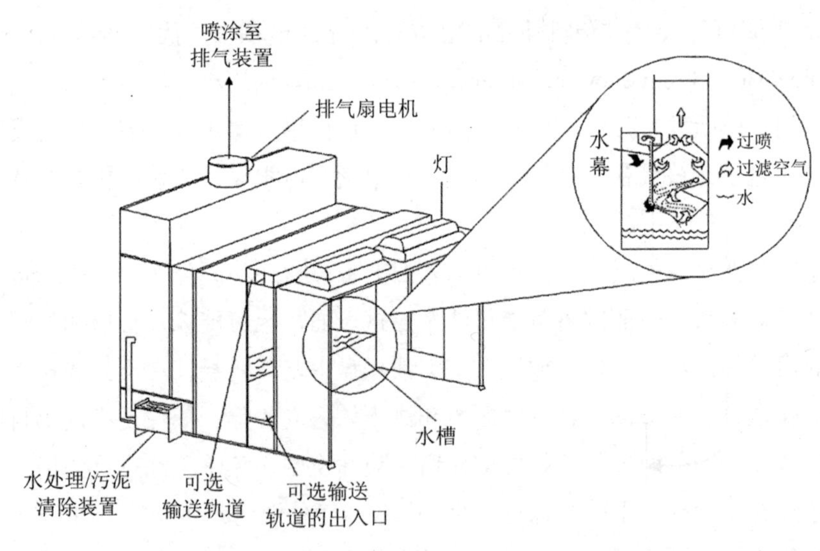

图 2-14 典型的水洗喷涂室 [3]

许多表面喷涂工厂中，每个喷涂室仅配备了 1 个手动操作喷枪，根据塑料部件所用的涂料类型来互换喷枪。但是，一些规模较大的表面喷涂工厂会在每个喷涂室配备多个喷枪（手动或机器人操作），因为在输送机喷涂线上喷涂大量类似部件会使生产效率更高。

该行业常用的喷涂系统分为 3 类：3 道漆、2 道漆和 1 道漆。3 道漆系统是最常见的，即喷涂底漆、彩漆或底层漆，以及花纹涂料。3 道漆系统的典型干膜厚度分别为底漆 1～3 mil、彩漆 1～2 mil、花纹涂料 1～5 mil。图 2-15 描绘了使用 3 道漆系统的典型输送式喷涂线。输送线包含 3 个单独的喷涂室，每一个喷涂室后面都带有分馏（或烘干）区域，再后面是固化炉。2 道漆系统用于喷涂彩漆或底层漆，然后喷涂花纹涂料。2 道漆系统的典型干膜厚度分别为彩漆（或底漆）2 mil、花纹涂料 2～5 mil。1 道漆系统很少用，仅用于喷涂比较稀的彩漆，以保护塑料基板或提高颜色和花纹模内成形的部件之间的颜色匹配度。与其他系统相比，1 道漆系统很少会用到固体涂料。1道漆系统应用的干膜厚度取决于涂料的功能。如果需要保护特性，则干膜厚度必须至少为 1 mil。为了使颜色和花纹模内成形的部件之间实现颜色匹配，干膜厚度需达到 0.5 mil 或更小，以避免掩盖模内成形的花纹。为了实现颜色匹配而喷涂 0.5 mil 或更少的涂料，通常称为“喷雾”、“喷薄雾”或“均匀喷涂”。

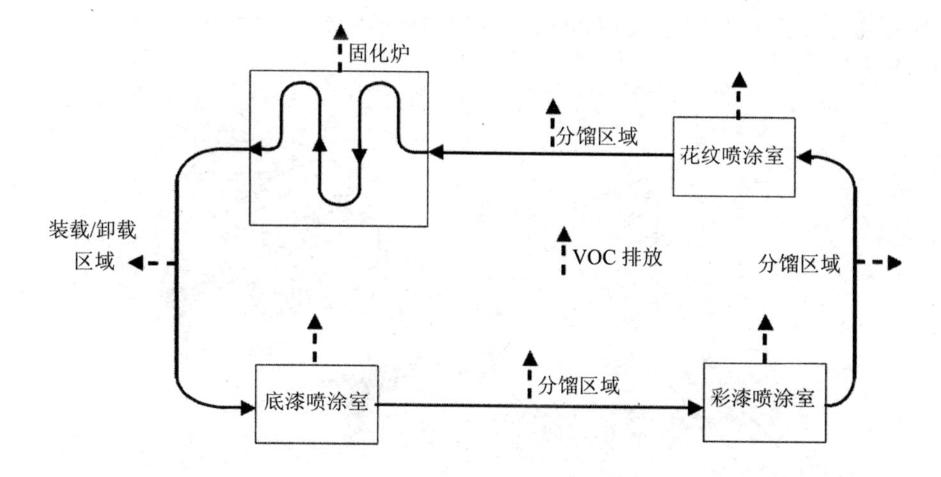

图 2-15　3 道漆系统的典型输送线

该行业用于喷涂装饰性/外部涂料的 3 种基本的喷涂方法分别为空气雾化喷涂、风送式无空气喷涂以及静电空气喷涂。空气雾化喷涂是适用于商用机器塑料部件的最常用喷涂技术。风送式无空气喷涂应用越来越多，但仍然不常见。静电空气喷涂很少使用，因为塑料部件并不导电。这种方法一直用来喷涂已使用导电敏化剂处理过或用金属薄膜包裹的部件。

空气雾化喷涂使用可加热和过滤的压缩空气，使涂料雾化并进行喷涂。空气雾化喷涂设备与商用机器的塑料部件上常用的所有涂料都兼容。

风送式无空气喷涂是其他行业中使用的无空气喷涂技术的一种变化形式。在无空气喷涂技术中，通常在压力为 7～21 MPa 的情况下，使液体涂料强行通过特别设计的喷嘴，可在无空气条件下使涂料雾化。风送式无空气喷涂与无空气喷涂一样，采用相同的机制使涂料雾化，但是流体压力比较低（低于 7 MPa）。雾化后，随后使用空气进一步雾化涂料，并帮助形成喷雾形状，以将过喷情况降至低于单独使用无空气雾化技术实现的等级。图 2-16 描绘了典型的风送式无空气喷枪。风送式无空气喷涂一直用于喷涂底漆和彩漆，而不用于喷涂花纹涂料，因为喷涂中会产生较大的液滴（相对于采用传统空气雾化喷涂技术实现的效果），很难实现花纹涂料所需的表面光洁质量。使用空气雾化设备修补涂层有时是很有必要的，可以在风送式无空气喷涂技术遗漏的凹陷区域和褶皱区域喷涂颜色。

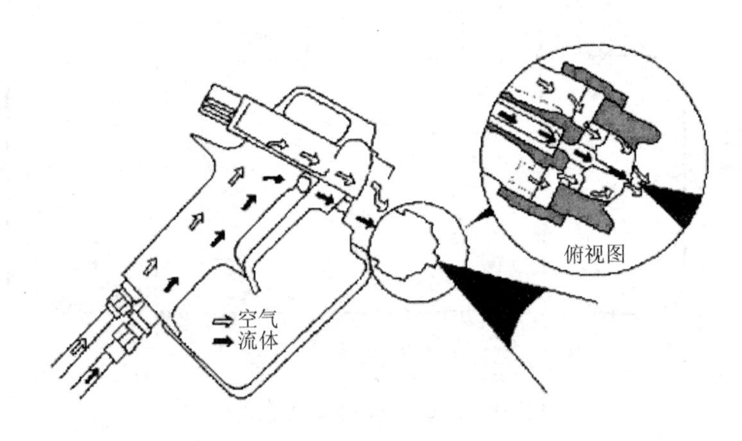

图 2-16 典型的风送式无空气喷枪 [5]

在静电空气喷涂中，涂料通常是带电的，喷涂的部件要接地，在涂料与部件之间创造电势。雾化的涂料由静电力吸至部件。由于塑料是绝缘体，因此有必要提供一个导电性表面，当带电涂料粒子聚积在该表面时能够释放电荷来保持部件的对地电势。前面讲过静电空气喷涂用于喷涂底漆和彩漆，并且一直用于喷涂花纹涂料，但是这种技术对于花纹涂料喷涂时生成的大粒子就不起作用了，而且在花纹涂料的空气雾化喷涂基础上没有任何明显的改进。使用空气雾化喷涂技术修补涂层有时是很有必要的，可以在静电喷涂技术遗漏的凹陷区域和褶皱区域喷涂颜色和花纹。

装饰性/外部涂料通常是溶剂型涂料和水性涂料。使用的溶剂包括甲苯、甲基乙基酮、二氯甲烷、二甲苯、丙酮和异丙醇。通常，装饰性/外部喷涂所用的有机溶剂型涂料为 2 类双组分催化聚氨酯。这些涂料装在喷枪（即在喷涂点或按照喷涂要求）中，其固体含量为 30%～35%（低固体涂料）和 40%～54%（中固体涂料）。水性的装饰性/外部涂料也装在喷枪中，通常其固体含量不超过 37%。该行业使用的其他装饰性/外部涂料包括溶剂型高固体涂料（即固体含量大于或等于 60%）和单组分低含量固体和中等含量固体涂料。

EMI/RFI 保护漆可以采用多种方式进行喷涂。喷涂到塑料部件上的 EMI/RFI 保护漆中约有 45%是采用锌电弧喷涂技术完成的，该喷涂流程不会排放 VOC；约有 45%是使用有机溶剂型和水性金属漆喷涂的；其余的是通过各种技术实现的，包括无电镀、真空镀膜或真空溅射镀膜（下文有明确定义），以及使用导电塑料和金属嵌件。

锌电弧喷涂流程分 2 步执行：首先采用砂磨或喷砂处理技术打磨塑料表面（通常是金属外壳内壁），然后喷涂锌液。喷砂处理和锌电弧喷涂是在专门针对这些操作而特别配备的单独喷涂室中执行的。表面准备和锌电弧喷涂步骤目前是手动执行的，不过机器人系统最近已问世了。锌电弧喷涂操作需要配备喷涂室、特殊的喷枪、压缩空气和锌线。锌电弧喷枪以机械方式将 2 条锌线送入喷枪口，随即被电弧熔化。高压空气喷嘴将锌液粒子吹至塑料部件表面。喷涂厚度通常在 1～4 mil，具体取决于产品要求。

可以采用专门用于喷涂外部涂料的大多数传统喷涂设备来喷涂导电涂料。导电涂料通常是使用空气喷枪手动进行喷涂，不过有时也会用到风送式无空气喷枪。

不能使用静电喷涂方法，因为 EMI/RFI 保护涂料具有很高的导电性。

有机溶剂型导电涂料是包含镍、银、铜或石墨粒子的丙烯酸树脂或氨基钾酸酯。掺了镍的丙烯酸涂料是最常用的，因为其保护能力很强且成本较低。喷枪中掺了镍的丙烯酸树脂和氨基钾酸酯包含 15%～25%的固体。与有机溶剂型导电涂料相比，喷枪中不常使用掺了镍的水性丙烯酸涂料，这种涂料包含 25%～34%的固体（除去水外，有 50%～60%的固体）。

喷涂导电涂料通常包含 3 个步骤：表面准备、喷涂涂料和固化。尽管在部件与脱模剂和污垢隔离的情况下可以省略第一步，但是通常还是要用有机溶剂或清洁剂擦拭部件表面，然后用流砂打磨。涂料通常喷涂在塑料外壳的内表面，干膜厚度为 1～3 mil。大多数导电涂料可以在室温下固化，但有些导电涂料必须在烘干炉中烘烤。

无电镀是一种浸镀法，是将薄薄的一层金属沉浸在水溶液中，这里是将部件所有暴露的表面都沉浸在水溶液中。商用机器塑料外壳的两面都要喷涂。电镀操作流程本身不会排放任何 VOC。但是，由于在电镀之前要喷涂涂料，因此仅对部件选定的区域进行电镀，这可能会排放 VOC。为了处理失效的电镀化学物质，可能必须进行废水处理。

真空镀膜和真空溅射镀膜是两种类似的技术，是将薄薄的一层金属（通常为铝）通过气相技术沉积在塑料部件上。尽管在实际的镀膜流程中不会排放任何 VOC，但是为了确保黏附性良好，常常要喷涂底漆，且为了保护金属膜要喷涂面漆，这可能都会排放 VOC。

导电塑料是热塑性树脂，包含导电薄片或纤维材料，如铝、钢、镀金属玻璃或碳。目前市面上带有导电填料的树脂类型包括丙烯腈二乙烯丁二烯树脂、丙烯腈二乙烯丁二烯树脂/聚碳酸酯混合物、聚苯醚、尼龙 66、聚氯乙烯以及聚对苯二甲酸乙二醇酯。这些材料的导电性以及 EMI/RFI 保护效力取决于树脂基体内的导电粒子之间的接触或近接触。导电塑料部件是通过直接注模技术成形的。结构泡沫注模技术会降低这些材料的 EMI/RFI 保护效力，因为泡沫中的气窝会分离导电粒子。

2.15.2 排放物及其控制

商用机器的塑料部件表面喷涂操作的主要污染物是所用涂料的有机溶剂蒸发以及涂料固化时反应副产物所排放的 VOC。VOC 来源包括喷涂室、分馏区域，以及烘干炉或烘干区域。每个来源的排放量相对于 VOC 排放总量的比例在各个工厂有所不同，但是根据喷涂操作的平均结果，大约有 80%是从喷涂室排放的，10%是从分馏区域排放的，另外 10%是从烘干炉或烘干区域排放的。

影响 VOC 排放量的因素为所用涂料的 VOC 含量、所用涂料的固体含量、漆膜厚度（喷涂厚度）以及喷涂设备的传输效率（TE）。为了确定使用水性涂料时的 VOC 排放量，有必要了解涂料中的 VOC、水和固体的含量。

TE 以分数形式表示，是指部件上残留的所喷涂固体涂料的比例。TE 因喷涂技术和所用涂料类型而异。表 2-27 显示了各种喷涂方法对应的典型 TE 值。

表 2-27 传输效率[a]

喷涂方法	传输效率/%	涂料类型
空气雾化喷涂	25	底漆、彩漆、花纹涂料、修饰涂料和喷雾涂料
风送式无空气喷涂	40	底漆、彩漆
静电空气喷涂	40	底漆、彩漆

[a] 按照颁布的标准，表中数据只是为了帮助确定是否遵循标准，而不能反映给定工厂的实际 TE。因此，在计算任何新建工厂的 VOC 排放量时，要谨慎使用表中的内容。若要更加精确地计算排放量，应使用给定工厂特定喷涂操作的实际 TE。请参见参考文献 1。

若要减少挥发性有机物排放量，可以使用 VOC 含量较低的涂料（即高固体涂料或水性涂料）、使用不会排放 VOC 的表面处理技术、提高 TE 以及增加控制措施。VOC 含量较低的装饰性/外部涂料包括固体含量较高（即喷枪中至少有 60%的固体成分）的双组分催化氨基钾酸酯涂料和水性涂料（即喷枪中有 37%的固体和 12.6%的 VOC）。这两类装饰性/外部涂料与传统的氨基钾酸酯涂料相比，包含的 VOC 较少；使用传统氨基钾酸酯涂料时，喷枪中的固体含量通常为 32%。VOC 含量较低的 EMI/RFI 保护涂料包括有机溶剂型丙烯酸树脂或氨基钾酸酯导电涂料（喷枪中至少包含 25%的固体）以及水性导电涂料（喷枪中包含 30%～34%的固体）。使用 VOC 含量较低的涂料，可降低 VOC 排放量，具体体现在两个方面：减少喷涂部件所需的涂料量，以及减少所喷涂涂料中的 VOC 含量。

若要在不排放 VOC 的前提下使商用机器的塑料部件外观效果极具吸引力，可通过一种主要技术来实现，即使用模内成形的颜色和花纹。适用于 EMI/RFI 保护且不会排放 VOC 的技术包括锌电弧喷涂、无电镀、使用导电塑料或金属嵌件，以及真空镀膜或真空溅射镀膜技术（在某些情况下使用）。

可以使用风送式无空气喷涂设备或静电喷涂设备来提高传输效率，它们比常用的喷涂技术（空气雾化）更有效。与传统的空气雾化喷涂设备相比，这些设备通过减少为实现给定膜厚度而必须喷涂的涂料量，可将 VOC 排放量减少 37%。

用于控制其他表面喷涂行业中的 VOC 排放量的附加设备包括热焚化炉和催化焚化炉、碳吸附器和冷凝器，但是这些控制技术一直未用于塑料部件的表面喷涂领域，因为会产生大量废气且废气中的 VOC 浓度较低，这会降低其效率。

表 2-28 和表 2-29 中的操作参数以及表 2-30 和表 2-31 中的排放因子很有代表性，反映了具有类似操作特性的现有工厂的实际情况。这些表显示了 3 种常见规模的表面喷涂工厂（小型、中型和大型）的数据，可帮助计算一般情况下的 VOC 排放量。但是，每个工厂都有各自的涂料配方、喷涂设备和操作参数的组合。因此，建议在计算排放量时，尽可能获取所有变量对应的工厂特定值。

使用物料衡算，可以更加准确地计算出商用机器的塑料部件表面喷涂操作中产生的 VOC 排放量。还可以使用涂料成分数据（根据 EPA 参考方法 24 确定）以及给定时间段内表面喷涂操作所使用的涂料和溶剂数量的相关数据来计算排放量。使用此方法，按照以下公式计算排放量：

$$M_{\mathrm{T}}=\sum_{i=1}^{n}L_{\mathrm{c}i}D_{\mathrm{c}i}W_{\mathrm{o}i}$$

式中：M_{T} —— 排放的 VOC 总重量，kg；

$L_{\mathrm{c}i}$ —— 喷涂时耗用的每种涂料的体积，L；

$D_{\mathrm{c}i}$ —— 喷涂时耗用的每种涂料的密度，kg/L；

$W_{\mathrm{o}i}$ —— 喷涂时耗用的每种涂料中的 VOC 比例（包括在工厂中加入的稀释溶剂）（重量分数）；

n —— 所用涂料的数量。

表 2-28 装饰性/外部涂料的表面喷涂操作的代表性参数[a]

工厂规模	工作时间表/（h/a）	喷涂室数量		塑料部件表面喷涂面积/（m^2/a）	涂料选择/控制技术	涂料喷涂/（L/a）
		干式过滤器	水洗喷涂室			
小型	4 000	2	0	9 711	基准涂料混合[b]	16 077[c]
					低固体 SB 涂料[d]	18 500[c]
					固体 SB 涂料[e]	11 840[c]
					高固体 SB 涂料[f]	9 867[c]/6 167[g]
					WB 涂料[h]	16 000[c]
中型	4 000	5[i]	0	77 743	基准涂料混合[b]	128 704[c]
					低固体 SB 涂料[d]	148 100[c]
					中固体 SB 涂料[e]	94 784[c]
					高固体 SB 涂料[f]	78 987[c]/49 367[g]
					WB 涂料[h]	128 086[c]
大型	4 000	6[j]	3[k]	194 370	基准涂料混合[b]	321 760[c]
					低固体 SB 涂料[d]	370 275[c]
					中固体 SB 涂料[e]	236 976[c]
					高固体 SB 涂料[f]	197 480[c]/123 425[g]
					WB 涂料[h]	320 238[c]

[a] 没有说明 EMI/RFI 保护涂料。SB 表示溶剂型，WB 表示水性。

[b] 假定基准装饰性/外部涂料消耗包含以下涂料的混合：

64.8%：溶剂型双组分催化氨基钾酸酯，喷枪中包含 32%的固体。

23.5%：溶剂型双组分催化氨基钾酸酯，喷枪中包含 50%的固体。

11.7%：水性丙烯酸树脂，喷枪中包含 37%的固体和 12.6%的有机溶剂。

[c] 假定传输效率（TE）为 25%，基于使用空气雾化喷涂设备。

[d] 假定使用溶剂型涂料，喷枪中包含 32%的固体。

[e] 假定使用溶剂型涂料，喷枪中包含 50%的固体。

[f] 假定使用溶剂型双组分催化氨基钾酸酯涂料，喷枪中包含 60%的固体。

[g] 假定 TE 为 40%，基于使用风送式无空气喷涂设备，按照新的源性能标准的要求。

[h] 假定使用水性涂料，喷枪中包含 37%的固体和 12.6%的有机溶剂。

[i] 假定 2 个喷涂室用于进行批量表面喷涂操作，其余 3 个喷涂室安置在输送线上。

[j] 假定 2 个喷涂室用于进行批量表面喷涂操作，其余 4 个喷涂室安置在输送线上。

[k] 假定输送线上有 3 个喷涂室。

表 2-29　EMI/RFI 保护漆的表面喷涂操作的代表性参数[a]

工厂规模	工作时间表/（h/a）	喷涂室数量		塑料部件表面喷涂面积/（m^2/a）	涂料选择/控制技术	涂料喷涂/（L/a）[b]
		喷砂处理[a]	锌电弧喷涂[a]			
小型	4 000	0	0	4 921	低固体 SB EMI/RFI 保护漆[c,d]	3 334
					高固体 SB EMI/RFI 保护漆[d,e]	2 000
					WB EMI/RFI 保护漆[d,f]	1 515
					锌电弧喷涂[g-i]	750
中型	4 000	2	2	109 862	低固体 SB EMI/RFI 保护漆[c,d]	74 414
					高固体 SB EMI/RFI 保护漆[d,e]	44 648
					WB EMI/RFI 保护漆[d,f]	33 824
					锌电弧喷涂[g-i]	16 744
大型	4 000	4	4	239 239	低固体 SB EMI/RFI 保护漆[c,d]	162 040
					高固体 SB EMI/RFI 保护漆[d,e]	97 224
					WB EMI/RFI 保护漆[d,f]	73 654
					锌电弧喷涂[g-i]	34 460

[a] 包括喷涂的导电涂料，使用表 2-28 中列出的干式过滤器和水洗喷涂室。SB 表示溶剂型，WB 表示水性。

[b] 假定传输效率（TE）为 50%。

[c] 假定使用溶剂型 EMI/RFI 保护漆，喷枪中包含 15%的固体。

[d] 喷涂厚度为 2 mil（标准行业惯例）。

[e] 假定使用溶剂型 EMI/RFI 保护漆，喷枪中包含 25%的固体。

[f] 假定使用水性 EMI/RFI 保护漆，喷枪中包含 33%的固体和 18.8%的有机溶剂。

[g] 假定使用锌电弧喷涂保护漆。

[h] 喷涂厚度为 3 mil（标准行业惯例）。

[i] 基于每年喷涂的锌线量（kg/a）和锌密度 6.32 g/mL。

表 2-30　装饰性/外部涂料的表面喷涂操作对应的 VOC 排放因子[a,b]

工厂配置和控制技术	kg/m^2（喷涂面积）	挥发性有机物	
		kg/a	kg/h
小型			
基准涂料混合[c]	0.84	8 122	2
低固体 SB 涂料[d]	1.14	11 096	2.8
中固体 SB 涂料[e]	0.54	5 221	1.3
高固体 SB 涂料[f]	0.22～0.36	2 176～3 481	0.54～0.87
WB 涂料[g]	0.18	1 778	0.44

工厂配置和控制技术	kg/m^2（喷涂面积）	挥发性有机物	
		kg/a	kg/h
中型			
基准涂料混合[c]	0.84	64 986	16.2
低固体 SB 涂料[d]	1.14	88 825	22.2
中固体 SB 涂料[e]	0.54	41 800	10.4
高固体 SB 涂料[f]	0.22～0.36	17 417～27 867	4.4～7.0
WB 涂料[g]	0.18	14 234	3.6
大型			
基准涂料混合[c]	0.84	162 463	40.6
低固体 SB 涂料[d]	1.14	222 076	55.5
中固体 SB 涂料[e]	0.54	104 506	26.1
高固体 SB 涂料[f]	0.22～0.36	43 544～69 671	10.9～17.4
WB 涂料[g]	0.18	35 589	8.9

[a] 假定采用表 2-28 给出的值，使用以下公式计算：

$$E = L \cdot D \cdot V$$

式中：E —— 表面喷涂操作的 VOC 排放因子，kg/a；

L —— 喷涂的涂料体积，L；

D —— 喷涂的涂料密度，kg/L；

V —— 涂料的挥发物含量，包括在工厂加入的稀释溶剂（重量分数）。

[b] 假定存在的所有 VOC 都被排放出来。值已四舍五入。表中没有说明 EMI/RFI 保护漆。假定手动操作时间为 4 000 h。SB 表示溶剂型，WB 表示水性。

[c] 基于使用表 2-28 中列出的基准涂料混合。

[d] 基于使用溶剂型涂料，喷枪中包含 32%的固体。

[e] 基于使用溶剂型涂料，喷枪中包含 50%的固体。

[f] 基于使用溶剂型涂料，喷枪中包含 60%的固体。

[g] 基于使用水性涂料，喷枪中包含 37%的固体和 12.6%的有机溶剂。

表 2-31 EMI/RFI 保护漆的表面喷涂操作对应的 VOC 排放因子[a, b]

工厂配置和控制技术	kg/m^2（喷涂面积）	挥发性有机物	
		kg/a	kg/h
小型			
低固体 SB EMI/RFI 保护漆[c]	0.51	2 500	0.62
高固体 SB EMI/RFI 保护漆[d]	0.27	1 323	0.33
WB EMI/RFI 保护漆[e]	0.05	251	0.063
锌电弧喷涂[f]	0	0	0

工厂配置和控制技术	kg/m² （喷涂面积）	挥发性有机物	
		kg/a	kg/h
中型			
低固体 SB EMI/RFI 保护漆 [c]	0.51	55 787	13.9
高固体 SB EMI/RFI 保护漆 [d]	0.27	29 535	7.4
WB EMI/RFI 保护漆 [e]	0.05	5 609	1.4
锌电弧喷涂 [f]	0	0	0
大型			
低固体 SB EMI/RFI 保护漆 [c]	0.51	121 484	30.4
高固体 SB EMI/RFI 保护漆 [d]	0.27	64 314	16.1
WB EMI/RFI 保护漆 [e]	0.05	12 214	3.1
锌电弧喷涂 [f]	0	0	0

[a] 假定采用表 2-29 中给出的值，使用以下公式计算：

$$E = L \cdot D \cdot V$$

式中：E —— 表面喷涂操作的 VOC 排放因子，kg/a；

L —— 喷涂的涂料体积，L；

D —— 喷涂的涂料密度，kg/L；

V —— 涂料的挥发物含量，包括在工厂加入的稀释溶剂（重量分数）。

[b] 假定存在的所有 VOC 都被排放出来。值已四舍五入。表中没有说明 EMI/RFI 保护漆。假定手动操作时间为 4 000 h。SB 表示溶剂型，WB 表示水性。

[c] 假定使用溶剂型 EMI/RFI 保护漆，喷枪中包含 15%的固体。

[d] 假定使用溶剂型 EMI/RFI 保护漆，喷枪中包含 25%的固体。

[e] 假定使用水性 EMI/RFI 保护漆，喷枪中包含 33%的固体和 18.8%的有机溶剂。

[f] 假定使用锌电弧喷涂保护漆。

2.15.3 参考文献

1. *Surface Coating Of Plastic Parts For Business Machines—Background Information For Proposed Standards*，EPA-450/3-85-019a，U.S. Environmental Protection Agency，Research Triangle Park，NC，December 1985.

2. Written communication from Midwest Research Institute，Raleigh，NC，to David Salman，U.S. Environmental Protection Agency，Research Triangle Park，NC，June 19，1985.

3. Protectaire® Spray Booths，Protectaire Systems Company，Elgin，IL，1982.

4. Binks® Spray Booths And Related Equipment，Catalog SB-7，Binks Manufacturing Company，Franklin Park，IL，1982.

5. Product Literature On Wagner® Air Coat® Spray Gun，Wagner Spray Technology，Minneapolis，MN，1982.

3 废水收集、处理及存储工艺

3.1 概述

很多行业都会排放含有有机物的废水。几乎所有废水流在最终被排放到水流接收体或市政处理工厂进行深度处理前都会进行收集、污染物处理或存储操作。在所有这些操作期间，废水暴露于空气，其中的挥发性有机物可能会逸散到空气中。

工业废水处理操作涵盖预处理到全面处理过程。在常规预处理设施中，工艺废水、生活污水或雨水径流被收集、均衡或中和，然后排放到市政废水处理厂［也称为公共废水处理厂（Publicly Owned Treatment Works，POTW）］，由此再进行进一步的生物降解处理。

废水经过全面处理，最终排入水流接收体之前必须达到联邦或州质量标准。图 3-1 展示了废水在全面工业处理设施中的收集、均衡、中和及生物处理过程。如果需要，还会加入氯作为消毒剂。蓄水池会将处理过的水存储至冬季（通常是 1 月到 5 月），届时水可以排放到水流接收体。图 3-1 中的水流接收体是流速缓慢的河流。在雨季，处理过的废水被稀释，这时可以排放。

图 3-1 还展示了 POTW 废水设施中典型的处理系统。送至 POTW 的可以是处理过的工业废水，也可以是未经处理的工业废水。POTW 还可以处理以下来源的废水：来自住宅、公共机构及商业设施，渗透系统（由地面进入下水道系统的水）以及雨水径流；这些类型的废水一般不包含 VOC。POTW 通常由收集系统、初次沉淀、生物处理、二次沉淀及消毒组成。

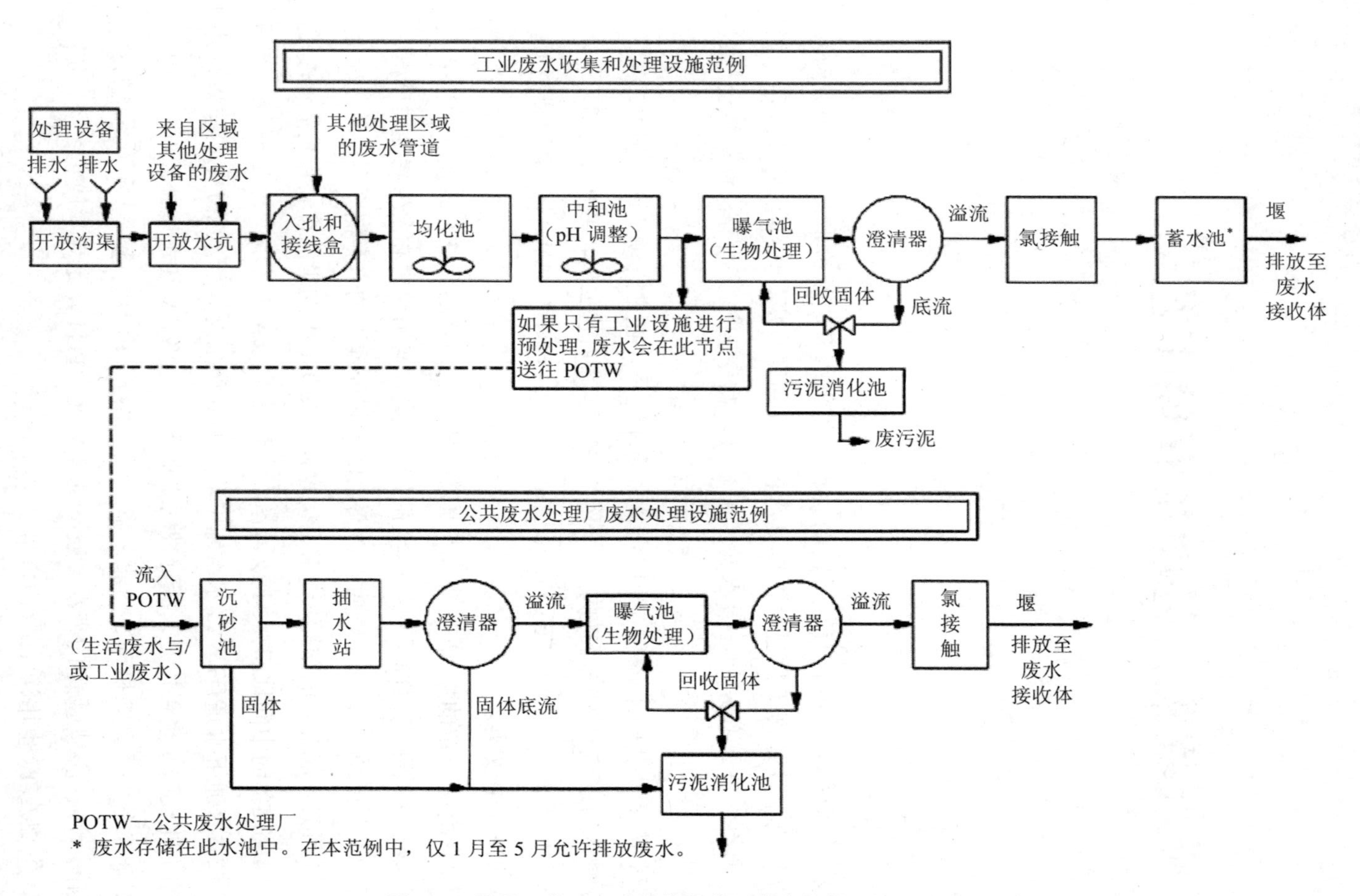

POTW—公共废水处理厂

* 废水存储在此水池中。在本范例中，仅 1 月至 5 月允许排放废水。

图 3-1 用于工业及市政设施的典型废水收集及处理系统

收集、处理及存储系统都有其特定设施。所有设施都装有某种类型的收集系统，但复杂程度取决于生成的废水流的数量与体积，处理和存储操作也随处理规模与处理程度的不同而变化。废水流处理的规模与程度取决于废水污染的体积与程度以及所要求的污染去除程度。

3.1.1 收集系统

废水收集系统包括很多类型。一般而言，收集系统位于废水产生地或附近，用于接收一条或多条废水流，随后将这些废水流直接导入处理或存储系统。

典型的工业收集系统包含排水管、检查井、沟渠、接线盒、集水槽、抽水站和堰。来自不同地方的废水流通过工业设施经由独立的排水管或与下水道主干线相连接的沟渠进入收集系统。这些排水管及沟渠一般都是直接暴露在空气中。接线盒、集水槽、沟渠、抽水站及堰坐落在需要将废水从一个区域（或处理进程）转运到另一个区域（或处理进程）的位置。

典型 POTW 设施的收集系统包含一个抽水站、若干沟渠、若干接线盒以及若干检查井。废水经由开放式下水道进入 POTW 设施的收集系统，这些废水管道来自所有的支流废水源。如上所述，这些废水源运送生活污水、预处理或未处理的工业废水以及雨水径流废水。

下文主要讲述工业及 POTW 设施中一些废水收集系统构成要素的常见类型。由于每种设施中收集系统构成要素的排列不尽相同，因此收集系统类型的顺序在某种程度上具有一定的主观性。

废水流通常经由独立排水管或区域排水管进入收集系统，而这些排水管可以暴露于空气中，也可以封填以防废水与空气接触。在工业领域中，独立排水管可以专用于单独的排水源或部分设备。区域排水管则用于多个排水源，并设立在所用排水源或设备的中间地带。

检查井直通下水道可以方便管道的服务、检修及清洁。它们设在下水道交叉汇合之处，或者设在管道方向、等级或下水道直径有大幅变动之处。

沟渠可以将工业废水从产生源头运输到收集装置（如接线盒和抽水站），从一个工业设施处理区域运输到另一个处理区域，或者从一个处理装置运输到另一个处理装置。POTW 也用沟渠将废水从一个处理装置运输到另一个处理装置。沟渠一般是露天或用安全格栅遮盖。

接线盒通常用于处理多个下水道，这些下水道在接线盒处汇合，使多条废水流汇合成一条。接线盒尺寸一般要与汇入水流的总流量相符。

集水槽用于收集和均衡未处理或未存储的沟渠或下水道废水流，通常是静止状态并暴露于空气中。

抽水站通常是处理系统前面的最后一个收集装置，可接收来自一个或多个下水道的废水，其主要作用是通过抽吸作用或液压升降装置（如螺旋液压升降装置）将收集的废水抽到处理或存储系统。

堰可以用作开放式沟坝，也可以用于排放来自沉降池（如澄清池）中较为洁净的废水。用作水坝时，堰的表面通常垂直于河床及河道侧壁。来自河道的废水一般会途经堰流入废水接收体。某些情况下，废水也会流经堰体表面的槽口或空缺处。使用这类堰时，经过河道的流量是可以测量的。堰的高度，也就是废水的落差，一般在 2 m 以上。典型的澄清池堰能够使沉淀过的废水溢流到下一个处理过程。这种堰通常位于沉降池的周围，也可位于靠近其中间的位置。澄清池堰的高度通常只有大约 0.1 m。

3.1.2 处理和存储系统

处理和存储系统是为了存放要进行处理、存储及清理的液体废物或废水，通常由内砌泥土或混凝土的各种池子组成，也称为地表蓄水池。存储系统通常用于蓄积废水（最终清理废水之前）或存放间歇性废水流（处理废水流之前）。

处理系统分为 3 个级别：初级、二级和三级，级别的设定取决于处理系统的设计、操作及应用。初级处理系统是物理操作，用于去除废水中的漂浮性固体和沉降性固体。二级处理系统是生物和化学处理过程，用于去除废水中的大部分有机物质。三级处理系统是附加过程，用于去除二级处理阶段未清除的成分。

初级系统包括油/水分离器、初次澄清池、均化池和初级处理池。在工业废水处理工厂中，最初的流程通常是通过油/水分离器去除较重的固体和较轻的油。通常废水中的油会用撇油器来进行进一步清除，而固体废物则用污泥清除系统进行清除。

在初级处理过程中，澄清池通常位于处理过程的起点，用来沉淀和清除流入的废水中的沉降或悬浮固体。图 3-2 展示了澄清池的设计示范。澄清池通常是圆柱形，尺寸根据悬浮固体的沉降速度和污泥的浓缩特性而变化。浮渣通常在澄清池顶部撇去，而污泥则在澄清池底部清除。

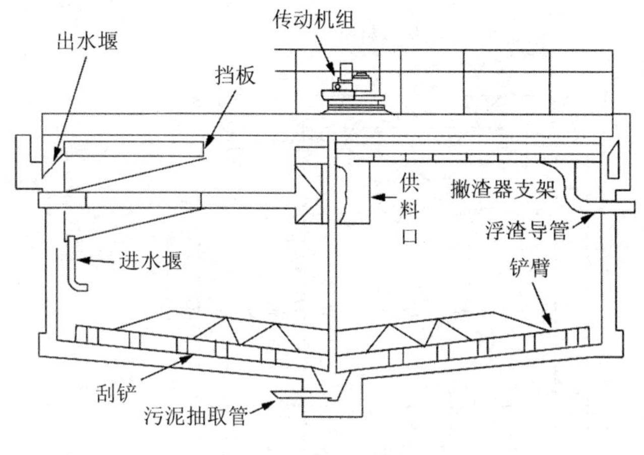

图 3-2 澄清池配置示例

均化池的作用是在废水到达下游处理进程之前减少废水流量和有机物含量的波动。流量均衡可使下游污泥装置（如澄清池）中流出的水质更加均匀。生物处理过程也会因浓度和流量波动的阻尼得到改善，防止生物处理过程因有毒化合物或抑制处理化合物的冲击负荷造成混乱或失败。

初级处理池一般通过中和作用以及添加或散布化学营养素来改变废水的化学或物理属性。通过添加酸或碱，中和作用可以控制废水的 pH。为了确保系统不会因 pH 过高或过低而混乱，中和作用通常在生物处理之前进行。同样，为了确保生物有机体营养充足，化学营养素的添加或散布也在生物处理之前。

生物降解是二级处理过程的例证。一般会借助机械表面曝气器或空气扩散装置，通过在曝气池中曝气完成生物废物处理。机械表面曝气器漂浮在废水表面快速搅拌废水，然后通过喷溅完成曝气。而空气扩散装置是氧气溶解于池底或装置底部的废水，成为气泡弥散逸出，从而完成曝气。图 3-3 展示了机械曝气生物处理池的实例设计。这类曝气池通常内砌泥土或混凝土，用来处理大流量的废水。污染物浓度较高的废水，尤其是高流量的生活污水，通常使用活性污泥系统（先生物处理而后二次澄清）来进行处理。在活性污泥处理系统中，包含生物量的沉降固体污染物会从澄清池污泥处理系统回收到生物处理系统，形成高浓度生物量，从而在较短的停留时间内完成生物降解。营养素去除是三级处理过程的例证。完成生物降解后去除氮和磷是废水排入接收体之前的最后一个处理步骤。

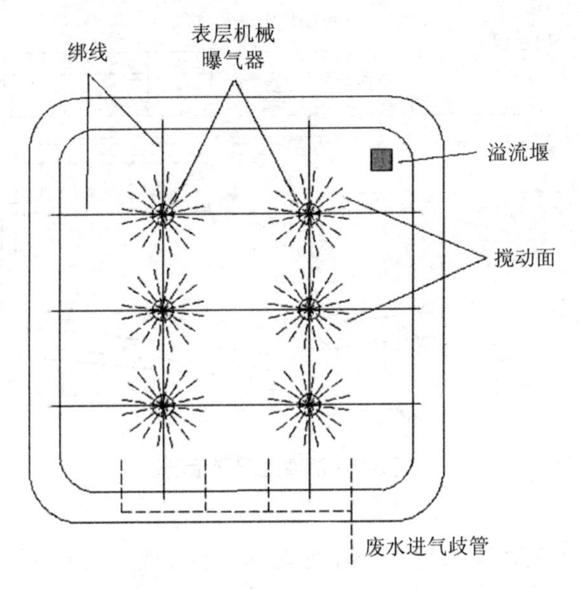

图 3-3　曝气生物处理池示例

3.1.3　应用

如上所述，废水的收集、处理和存储在许多行业分类及 POTW 中都很常见。大部分行业设施及 POTW 都能够收集、存放和处理废水。但有些行业不对废水进行处理，而是使用废水存储系统暂时存储废水或蓄积废水以便日后最终清理。例如，农业行业很少需要废水处理系统但需要废水存储系统，而石油天然气工业则需要废水处理系统。

下面阐述某些行业特有的废水处理及存储应用：

（1）采矿及铣削操作：各种废水的存储，如酸性矿井水、水溶采矿产生的溶剂废水以及矿业废物清理产生的渗滤液。处理操作包括沉淀、分离、清洗、对尾矿中的矿产品进行分类以及通过沉淀回收贵重矿物。

（2）石油天然气工业：废水的最大来源之一。废水处理系统可以处理在石油炼制过程及深井增压操作中产生的浓盐水、油水混合物、紧急状态下需要分离或存储的气态流体以及钻孔产生的碎屑与泥浆。

（3）纺织与皮革行业：废水处理及污泥清理。处理或清理包含染色载体的有机物家族（如卤代烃和酚类化合物）以及包含铬、锌、铜等的重金属。制革和加工废品产生的废水可能会包含硫化物和含氮化合物。

（4）化工及相关产品行业：废水处理、废水存储及污泥清理工艺流程。废水成分与特定工艺流程相关，其中包含有机物、有机磷酸酯、氰化物、含氮化合物和各种微量金属。

（5）其他行业：炼油、原生金属生产、木材加工和金属加工设备中的处理和存储操作。很多行业都会对空气污染洗涤器污泥与疏浚污泥（即从地表蓄水池表面清除的沉降固体）进行存储或处理。

3.2 排放物

3.2.1 概述

VOC 是指在废水的收集、处理及存储系统中由液体表面通过有机物的挥发而排出的物质。排放物是通过扩散或对流机制（或两者一起）形成的。废水表面有机物的浓度比周围环境中的有机物浓度高很多时就会出现扩散。有机物挥发或扩散到空气中，尽量达到水相与汽相均衡。空气流经废水表面时会出现对流，废水表面的有机物蒸气涌入空气中。有机物蒸气的挥发速度与空气流经废水表面的速度直接相关。

影响挥发速度的其他因素包括废水表面面积、废水温度、废水紊流、废水在处理系统中的停留时间、废水在处理系统中的深度、废水中有机物的浓度及其物理性质（如挥发性与扩散率）、是否存在抑制挥发的机制（如油膜）以及竞争机制（如生物降解）。

挥发速度可以使用传质理论来确定。各个气相和液相传质系数（分别为 k_g 和 k_ℓ）用于估算每种 VOC 的整体传质系数（K、K_{oil} 和 K_D）[1-2]。图 3-4 展示的流程图有助于确定适当的排放模型，用于估算各种类型废水处理、存储和收集系统中的 VOC 排放量。表 3-1 和表 3-2 分别展示了排放模型方程式和定义。

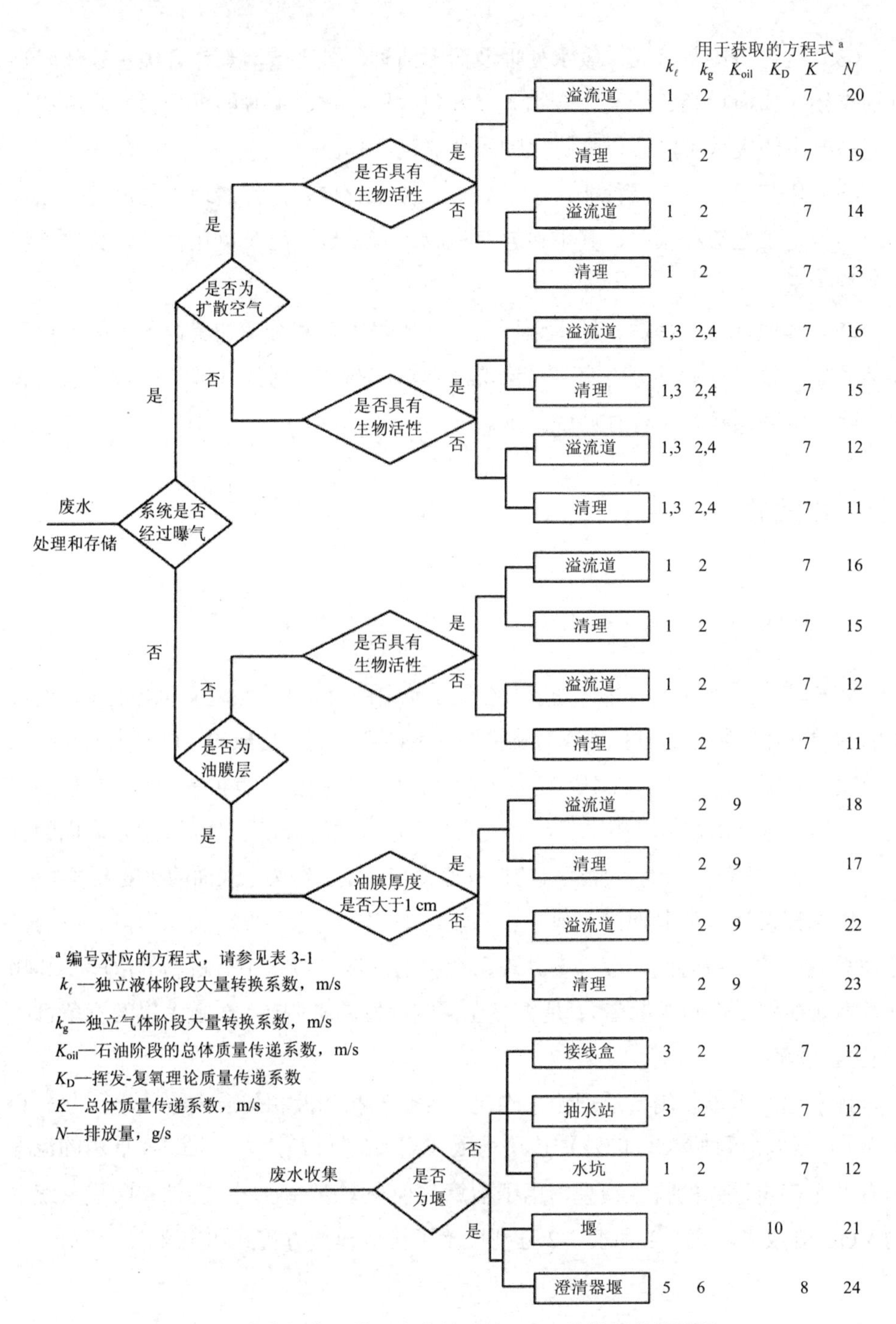

图 3-4 废水收集、处理和存储系统 VOC 排放量估算流程

表 3-1 传质关联和排放方程式[a]

方程式编号	方程式
个体液相传质系数（k_ℓ）和气相传质系数（k_g）	
1	k_ℓ (m/s) =$(2.78\times10^{-6})(D_W/D_{ether})^{2/3}$ 用于：0＜U_{10}＜3.25 m/s 和所有 F/D 比率 k_ℓ (m/s) =$[(2.605\times10^{-9})(F/D)+(1.277\times10^{-7})](U_{10})^2(D_W/D_{ether})^{2/3}$ 用于：U_{10}＞3.25 m/s 和 14＜F/D＜51.2 k_ℓ (m/s) =$(2.61\times10^{-7})(U_{10})^2(D_W/D_{ether})^{2/3}$ 用于：U_{10}＞3.25 m/s 和 F/D＞51.2 k_ℓ (m/s) =$1.0\times10^{-6}+144\times10^{-4}(U^*)^{2.2}(Sc_L)^{-0.5}$；$U^*$＜0.3 k_ℓ (m/s) =$1.0\times10^{-6}+34.1\times10^{-4}U^*(Sc_L)^{-0.5}$；$U^*$＞0.3 用于：$U_{10}$＞3.25 m/s 和 F/D＜14 其中： U^*(m/s) =$(0.01)(U_{10})[6.1+0.63(U_{10})]^{0.5}$ $Sc_L=\mu_L/(\rho_L D_W)$ $F/D=2(A/\pi)^{0.5}$
2	k_g(m/s) =$(4.82\times10^{-3})(U_{10})^{0.78}(Sc_G)^{-0.67}(d_e)^{-0.11}$ 其中： $Sc_G=\mu_a/(\rho_a D_a)$ d_e(m) =$2(A/\pi)^{0.5}$
3	k_ℓ (m/s) =$[(8.22\times10^{-9})(J)+(\mathrm{POWR})(1.024)^{(T-20)}(O_t)(10^6)(\mathrm{MW_L})/(\mathrm{Va_v}\rho_L)](D_W/D_{O_2,w})^{0.5}$ 其中： POWR(hp) =(曝气器的总动力)(V) $\mathrm{Va_v}$(ft^2) =(搅拌面积的分数)(A)
4	k_g(m/s) =$(1.35\times10^{-7})(Re)^{1.42}(P)^{0.4}(Sc_G)^{0.5}(Fr)^{-0.21}(D_a\mathrm{MW_a}/d)$ 其中： $Re=d^2w\rho_a/\mu_a$ $P=[(0.85)(\mathrm{POWR})(550\ \mathrm{ft-lb_f/s-hp})/N_I]g_c/\rho_L(d^*)^5w^3)$ $Sc_G=\mu_a/(\rho_a D_a)$ $Fr=(d^*)w^2/g_c$
5	$k_\ell(\mathrm{m/s})=(f_{air,\ell})(Q)/[3\,600\ \mathrm{s}/\min(h_c)(\pi d_c)]$ 其中： $f_{air,\ell}=1-1/r$ $r=\exp[0.77(h_c)^{0.623}(Q/\pi d_c)^{0.66}(D_w/D_{O_2,w})^{0.66}]$
6	$k_g(\mathrm{m/s})=0.001+[0.046\,2(U^{**})(Sc_G)^{-0.67}]$ 其中： $U^{**}(\mathrm{m/s})=[6.1+(0.63)(U_{10})]^{0.5}(U_{10}/100)$ $Sc_G=\mu_a/(\rho_a D_a)$

方程式编号	方程式
水相总传质系数（K）、油相总传质系数（k_{oil}）和堰的总传质系数（K_D）	
7	$K=(k_\ell K_{eq}k_g)/(K_{eq}k_g+k_\ell)$ 其中： $K_{eq}=H/(RT)$
8	$K(\text{m/s})=\{[\text{MW}_L/(k_\ell\rho_L/(100\text{cm/m}))]+[\text{MW}_a/(k_g\rho_a H\times 55\,555(100\text{cm/m}))]\}^{-1}\text{MW}_L/[(100\text{cm/m})\rho_L]$
9	$K_{oil}=k_g K_{eqoil}$ 其中： $K_{eqoil}=P^*\rho_a\text{MW}_{oil}/(\rho_{oil}\text{MW}_a P_O)$
10	$K_D=0.16h(D_w/D_{O_2,w})^{0.75}$
空气排放物（N）	
11	$N(\text{g/s})=(1-C_t/C_0)VC_0/t$ 其中： $C_t/C_0=\exp[-KAt/V]$
12	$N(\text{g/s})=KC_L A$ 其中： $C_L(\text{g/m}^3)=QC_0/(KA+Q)$
13	$N(\text{g/s})=(1-C_t/C_0)VC_0/t$ 其中： $C_t/C_0=\exp[-(KA+K_{eq}Q_a)t/V]$
14	$N(\text{g/s})=(KA+Q_a K_{eq})C_L$ 其中： $C_L(\text{g/m}^3)=QC_0/(KA+Q+Q_a K_{eq})$
15	$N(\text{g/s})=(1-C_t/C_0)KA/(KA+K_{max}b_i V/K_s)VC_0/t$ 其中： $C_t/C_0=\exp[-K_{max}b_i t/K_s-KAt/V]$
16	$N(\text{g/s})=KC_L A$ 其中： $C_L(\text{g/m}^3)=[-b+(b^2-4ac)^{0.5}]/(2a)$ 而且： $a=KA/Q+1$ $b=K_s(KA/Q+1)+K_{max}b_i V/Q-C_0$ $c=-K_s C_0$
17	$N(\text{g/s})=(1-C_{toil}/C_{0oil})V_{oil}/C_{0oil}t$ 其中： $C_{toil}/C_{0oil}=\exp[-K_{oil}t/D_{oil}]$ 而且：

方程式编号	方程式
17	$C_{0\text{oil}}=K_{\text{ow}}C_0/[1-\text{FO}+\text{FO}(K_{\text{ow}})]$ $V_{\text{oil}}=(\text{FO})(V)$ $D_{\text{oil}}=(\text{FO})(V)/A$
18	$N(\text{g/s})=K_{\text{oil}}C_{\text{L,oil}}A$ 其中： $C_{\text{L,oil}}(\text{g/m}^3)=Q_{\text{oil}}C_{0\text{oil}}/(K_{\text{oil}}A_{\text{oil}}+Q_{\text{oil}})$ 而且： $C_{0\text{oil}}=K_{\text{ow}}C_0/[1-\text{FO}+\text{FO}(K_{\text{ow}})]$ $Q_{\text{oil}}=(\text{FO})(Q)$
19	$N(\text{g/s})=(1-C_t/C_0)(KA+Q_{\text{a}}K_{\text{eq}})/(KA+Q_{\text{a}}K_{\text{eq}}+K_{\max}b_iV/K_{\text{s}})VC_0/t$ 其中： $C_t/C_0=\exp\left[-(KA+K_{\text{eq}}Q_{\text{a}})t/V-K_{\max}b_it/K_{\text{s}}\right]$
20	$N(\text{g/s})=(KA+Q_{\text{a}}K_{\text{eq}})C_{\text{L}}$ 其中： $C_{\text{L}}(\text{g/m}^3)=\left[-b+(b^2-4ac)^{0.5}\right]/(2a)$ 而且： $a=(KA+Q_{\text{a}}K_{\text{eq}})/Q+1$ $b=K_{\text{s}}[(KA+Q_{\text{a}}K_{\text{eq}})/Q+1]+K_{\max}b_iV/Q-C_0$ $c=-K_{\text{s}}C_0$
21	$N(\text{g/s})=(1-\exp[-K_{\text{D}}])QC_0$
22	$N(\text{g/s})=K_{\text{oil}}C_{\text{L,oil}}A$ 其中： $C_{\text{L,oil}}(\text{g/m}^3)=Q_{\text{oil}}(C_{0\text{oil}}^*)/(K_{\text{oil}}A+Q_{\text{oil}})$ $C_{0\text{oil}}^*=C_0/\text{FO}$ $Q_{\text{oil}}=(\text{FO})(Q)$
23	$N(\text{g/s})=(1-C_{t\text{oil}}/C_{0\text{oil}}^*)(V_{\text{oil}})(C_{0\text{oil}}^*)/t$ 其中： $C_{t\text{oil}}/C_{0\text{oil}}^*=\exp\left[-K_{\text{oil}}t/D_{\text{oil}}\right]$ 而且： $C_{0\text{oil}}^*=C_0/\text{FO}$ $V_{\text{oil}}=(\text{FO})(V)$ $D_{\text{oil}}=(\text{FO})(V)/A$
24	$N(\text{g/s})=(1-\exp[-K\pi d_{\text{c}}h_{\text{c}}/Q])QC_0$

[a] 编号方程式中所有参数的定义，请参见表 3-2。

表 3-2　传质关联和排放方程式的参数定义

参数	定义	单位	代码[a]
A	废水表面面积	m^2 或 ft^2	A
b_i	生物量浓度（生物固体总量）	g/m^3	B
C_L	液相中的组分浓度	g/m^3	D
$C_{L,oil}$	油相中的组分浓度	g/m^3	D
C_0	液相中的组分初始浓度	g/m^3	A
$C_{L,oil}$	油相中的组分浓度（水相与油相之间传质阻力计入在内）	g/m^3	D
C_{0oil}^*	油相中的组分浓度（水相与油相之间无传质阻力）	g/m^3	D
C_t	时间为 t 时液相中的组分浓度	g/m^3	D
C_{toil}	时间为 t 时油相中的组分浓度	g/m^3	D
d	叶轮直径	cm	B
D	废水深度	m 或 ft	A，B
d^*	叶轮直径	ft	B
D_a	组分在空气中的扩散性	cm^2/s	C
d_c	澄清池直径	m	B
d_e	有效直径	m	D
D_{ether}	醚在水中的扩散性	cm^2/s	（8.5×10^{-6}）[b]
$D_{O_2,w}$	氧在水中的扩散性	cm^2/s	（2.4×10^{-5}）[b]
D_{oil}	油膜厚度	m	B
D_w	组分在水中的扩散性	cm^2/s	C
$F_{air,\ell}$	排放到空气中的组分的分数（零气阻）	无单位	D
F/D	径深比，d_e/D	无单位	D
FO	油的体积分数	无单位	B
Fr	弗劳德数	无单位	D
g_c	引力常数（换算因子）	$lb_m \cdot ft/s^2 \cdot lb_f$	32.17
h	堰的高度（从废水溢流处到废水接收体的距离）	ft	B
h_c	澄清池堰的高度	m	B
H	组分的亨利定律常数	$atm \cdot m^3/mol$	C
J	表面曝气器的氧转移等级	lb O_2/（h·hp）	B
K	组分由气相向液相传递时的总传质系数	m/s	D
KD	挥发复氧理论传质系数	无单位	D
K_{eq}	平衡常数或分配系数（气相浓度/液相浓度）	无单位	D
K_{eqoil}	平衡常数或分配系数（气相浓度/油相浓度）	无单位	D
k_g	气相传质系数	m/s	D
k_ℓ	液相传质系数	m/s	D
K_{max}	最大生物量常数	g/s·g 生物量	A，C
K_{oil}	组分由油相向气相传递时的总传质系数	m/s	D
K_{ow}	辛醇-水分配系数	无单位	C

参数	定义	单位	代码[a]
K_s	半饱和生物量常数	g/m^3	A，C
MW_a	空气的摩尔质量	g/mol	29
MW_{oil}	油的摩尔质量	g/mol	B
MW_L	水的摩尔质量	g/mol	18
N	排放量	g/s	D
N_I	曝气器数量	无单位	A，B
O_t	氧转移校正因子	无单位	B
P	功率准数	无单位	D
P^*	组分的蒸气压	atm	C
P_o	总压力	atm	A
POWR	曝气器总功率	hp	B
Q	体积流量	m^3/s	A
Q_a	扩散空气流量	m^3/s	B
Q_{oil}	油的体积流量	m^3/s	B
r	亏缺率（上下游溶解度下组分浓度与实际组分浓度之间的差额率）	无单位	D
R	通用气体常数	$atm \cdot m^3/(mol \cdot K)$	8.21×10^{-5}
Re	雷诺数	无单位	D
Sc_G	气侧施密特数	无单位	D
Sc_L	液侧施密特数	无单位	D
T	水的温度	℃或K（开尔文）	A
t	清理停留时间	s	A
U^*	摩擦速度	m/s	D
U^{**}	摩擦速度	m/s	D
U_{10}	高于液体表面 10 m 的风速	m/s	B
V	废水体积	m^3或ft^3	A
Va_v	紊流表面面积	ft^2	B
V_{oil}	油的体积	m^3	B
w	叶轮转速	rad/s	B
ρ_a	空气的密度	g/cm^3	(1.2×10^{-3})[b]
ρ_L	水的密度	g/cm^3或lb/ft^3	1[b]或62.4[b]
ρ_{oil}	油的密度	g/m^3	B
μ_A	空气的黏度	$g/(cm \cdot s)$	(1.81×10^{-4})[b]
μ_L	水的黏度	$g/(cm \cdot s)$	(8.93×10^{-3})[b]

[a] 代码：A 表示具体地点的参数。

B 表示具体地点的特定参数。有关默认值的信息，请参见表 3-3。

C 表示参数可从文献资料中查阅。150 种化合物在 $T=25℃$（298 K）时的化学性质列表，请参见表 3-4。

D 表示计算值。

[b] 25℃（298 K）下的报告值。

不同的 VOC 挥发程度也各不相同。本节的排放模型可用于高挥发性、中挥发性和低挥发性有机物。亨利定律常数（Henry's Law Constant，HLC）经常用于测量化合物的挥发程度，或者测量有机物在空气中的扩散度（相对于在液体中的扩散度）。高挥发性 VOC 为 HLC＞10^{-3} atm·m^3/mol；中挥发性 VOC 为 10^{-3} atm·m^3/mol＜HLC＜10^{-5} atm·m^3/mol；低挥发性 VOC 为 HLC＜10^{-5} atm·m^3/mol [1]。

收集、处理和存储系统的设计与排列是因设施不同而异的，因此最准确的废水排放量估算来自对设施的实际测试（也就是对开口处排放物的示踪研究或直接测量）。如果无法获取实测数据，则可以使用本节提供的排放模型。

如果具体地点的信息可用，则应当对排放模型提供此信息。实际系统排放量的表述会从排放模型中产生最准确的估算。此外，如果处理系统涉及生物降解，输入具体地点化合物的生物量可以提高生物降解预测的准确率（见表 3-3）。参考文献 3 包含具体地点生物量测试方法的相关信息，表 3-4 列出了大约 150 种化合物的估算生物量。

表 3-3 具体地点默认参数 [a]

默认参数 [b]	定义	默认值
通用类		
T	水的温度	298 K
U_{10}	风速	4.47 m/s
生物处理系统		
b_i	生物量浓度（对于生物活性系统）	
	静态处理系统	50 g/m^3
	曝气处理系统	300 g/m^3
	活性污泥装置	4 000 g/m^3
POWR	曝气器总功率	
	对于曝气处理系统	0.75 hp/1 000 ft^3（V）
	对于活性污泥	2 hp/1 000 ft^3（V）
W	叶轮转速	
	对于曝气处理系统	126 rad/s（1 200 转/min）
d（d^*）	叶轮直径	
	对于曝气处理系统	61 cm（2 ft）

默认参数[b]	定义	默认值
Va_v	紊流表面面积	
	对于曝气处理系统	0.24（A）
	对于活性污泥	0.52（A）
J	表面曝气器的氧转移等级	
	对于曝气处理系统	3 lb O_2/hp·h
O_t	氧转移校正因子	
	对于曝气处理系统	0.83
N_I	曝气器数量	POWR/75
扩散空气系统		
Q_a	扩散空气体积流量	0.000 4（V）m^3/s
油膜层		
MW_{oil}	石油摩尔质量	282 g/mol
D_{oil}	油层厚度	0.001（V/A）m
V_{oil}	油的体积	0.001（V）m^3
Q_{oil}	油的体积流量	0.001（Q）m^3/s
ρ_{oil}	油的密度	0.92 g/cm^3
FO	油的体积分数[c]	0.001
接线盒		
D	接线盒深度	0.9 m
N_I	曝气器数量	1
抽水站		
D	抽水站深度	1.5 m
N_I	曝气器数量	1
集水槽		
D	集水槽深度	5.9 m
堰		
d_c	澄清池堰的直径[d]	28.5 m
h	堰的高度	1.8 m
h_c	澄清池堰的高度[e]	0.1 m

[a] 参考文献 1。

[b] 见表 3-2 中的定义。

[c] 参考文献 4。

[d] 参考文献 2。

[e] 参考文献 5。

表 3-4　SIMS 化学性质数据文件

化学品名称	CAS 编号	分子量	25℃下的蒸气压/mmHg	25℃下的亨利定律常数/（$atm·m^3/mol$）	25℃下化学品在水中的扩散系数/（cm^2/s）	25℃下化学品在空气中的扩散系数/（cm^2/s）
乙醛	75-07-0	44.00	760	0.000 095	0.000 014 1	0.124
乙酸	64-19-7	60.05	15.4	0.062 7	0.000 012	0.113
乙酸酐	108-24-7	102.09	5.29	0.000 005 91	0.000 009 33	0.235
丙酮	67-64-1	58.00	266	0.000 025	0.000 011 4	0.124
乙腈	75-05-8	41.03	90	0.000 005 8	0.000 016 6	0.128
丙烯醛	107-02-8	56.10	244.2	0.000 056 6	0.000 012 2	0.105
丙烯酰胺	79-06-1	71.09	0.012	0.000 000 000 52	0.000 010 6	0.097
丙烯酸	79-10-7	72.10	5.2	0.000 000 1	0.000 010 6	0.098
丙烯腈	107-13-1	53.10	114	0.000 088	0.000 013 4	0.122
己二酸	124-04-9	146.14	0.000 022 5	0.000 000 000 05	0.000 006 84	0.065 9
烯丙醇	107-18-6	58.10	23.3	0.000 018	0.000 011 4	0.114
氨基苯酚（邻氨基苯酚）	95-55-6	109.12	0.511	0.000 003 67	0.000 008 64	0.077 4
氨基苯酚（对氨基苯酚）	123-30-8	109.12	0.893	0.000 019 7	0.000 002 39	0.077 4
氨气	7664-41-7	17.03	7470	0.000 328	0.000 069 3	0.259
乙酸戊酯（乙酸正戊酯）	628-37-8	130.18	5.42	0.000 464	0.000 001 2	0.064
苯胺	62-53-3	93.10	1	0.000 002 6	0.000 008 3	0.07
苯	71-43-2	78.10	95.2	0.005 5	0.000 009 8	0.088
苯并[*a*]蒽	56-55-3	228.30	0.000 000 15	0.000 000 001 38	0.000 009	0.051
苯并[*a*]芘	50-32-8	252.30	0.005 68	0.000 000 001 38	0.000 009	0.043

化学品名称	CAS 编号	分子量	25℃下的蒸气压/mmHg	25℃下的亨利定律常数/（atm·m³/mol）	25℃下化学品在水中的扩散系数/（cm²/s）	25℃下化学品在空气中的扩散系数/（cm²/s）
甲酚	1319-77-3	108.00	0.3	0.000 001 7	0.000 008 3	0.074
丁烯醛	4170-30-0	70.09	30	0.000 001 54	0.000 010 2	0.090 3
枯烯（异丙苯）	98-82-8	120.20	4.6	0.014 6	0.000 007 1	0.065
环己烷	110-82-7	84.20	100	0.013 7	0.000 009 1	0.083 9
环己醇	108-93-0	100.20	1.22	0.000 004 47	0.000 008 31	0.214
环己酮	108-94-1	98.20	4.8	0.000 004 13	0.000 008 62	0.078 4
邻苯二甲酸二正辛酯	117-84-0	390.62	0	0.137	0.000 004 1	0.040 9
邻苯二甲酸正丁酯	84-74-2	278.30	0.000 01	0.000 000 28	0.000 007 9	0.043 8
二氯丁烯（1,4-二氯-2-丁烯）	764-41-0	125.00	2.87	0.000 259	0.000 008 12	0.072 5
二氯苯（1,2-二氯苯；邻二氯苯）	95-50-1	147.00	1.5	0.001 94	0.000 007 9	0.069
二氯苯（1,3-二氯苯；间二氯苯）	541-73-1	147.00	2.28	0.003 61	0.000 007 9	0.069
二氯苯（1,4-二氯苯；对二氯苯）	106-46-7	147.00	1.2	0.001 6	0.000 007 9	0.069
二氯二氟甲烷	75-71-8	120.92	5 000	0.401	0.000 01	0.000 1
二氯乙烷（1,1-二氯乙烷）	75-34-3	99.00	234	0.005 54	0.000 010 5	0.091 4
二氯乙烷（1,2-二氯乙烷）	107-06-2	99.00	80	0.001 2	0.000 009 9	0.104
二氯乙烯（1,2-二氯乙烯）	156-54-2	96.94	200	0.031 9	0.000 011	0.093 5
二氯苯酚（2,4-二氯苯酚）	120-83-2	163.01	0.1	0.000 004 8	0.000 007 6	0.070 9
二氯苯氧基乙酸（2,4-二氯苯氧基乙酸）	94-75-7	221.00	290	0.062 1	0.000 006 49	0.058 8
二氯丙烷（1,2-二氯丙烷）	78-87-5	112.99	40	0.002 3	0.000 008 7	0.078 2
二乙基苯胺（*N,N*-二乙基苯胺）	91-66-7	149.23	0.002 83	0.000 000 057 4	0.000 005 87	0.051 3
酞酸二乙酯	84-66-2	222.00	0.003 589	0.011 1	0.000 005 8	0.054 2
二甲基甲酰胺	68-12-2	73.09	4	0.000 019 2	0.000 010 3	0.093 9

化学品名称	CAS 编号	分子量	25℃下的蒸气压/mmHg	25℃下的亨利定律常数/（$atm \cdot m^3/mol$）	25℃下化学品在水中的扩散系数/（cm^2/s）	25℃下化学品在空气中的扩散系数/（cm^2/s）
二甲基肼（1,1-二甲基肼）	57-14-7	60.10	157	0.000 124	0.000 010 9	0.106
邻苯二甲酸二甲酯	131-11-3	194.20	0.000 187	0.000 002 15	0.000 006 3	0.056 8
二甲基苯并[a]蒽	57-97-6	256.33	0	0.000 000 000 27	0.000 004 98	0.046 1
二甲苯酚（2,4-二甲苯酚）	105-67-9	122.16	0.057 3	0.000 921	0.000 008 4	0.071 2
二硝基苯（间二硝基苯）	99-65-0	168.10	0.05	0.000 022	0.000 007 64	0.279
二硝基甲苯（2,4-二硝基甲苯）	121-14-2	182.10	0.005 1	0.000 004 07	0.000 007 06	0.203
二氧六环（二噁烷）	123-91-1	88.20	37	0.000 023 1	0.000 010 2	0.229
二噁英	NOCAS2	322.00	0	0.000 081 2	0.000 005 6	0.104
二苯胺	122-39-4	169.20	0.003 75	0.000 002 78	0.000 006 31	0.058
表氯醇	106-89-8	92.50	17	0.000 032 3	0.000 009 8	0.086
乙醇	64-17-5	46.10	50	0.000 030 3	0.000 013	0.123
乙醇胺（一乙醇胺）	141-43-5	61.09	0.4	0.000 000 322	0.000 011 4	0.107
丙烯酸乙酯	140-88-5	100.00	40	0.000 35	0.000 008 6	0.077
氯乙烷	75-00-3	64.52	1 200	0.014	0.000 011 5	0.271
乙基丙基丙烯醛（2-乙基-3-丙基丙烯醛）	645-62-5	92.50	17	0.000 032 3	0.000 009 8	0.086
乙酸乙酯	141-78-6	88.10	100	0.000 128	0.000 009 66	0.073 2
乙苯	100-41-4	106.20	10	0.006 44	0.000 007 8	0.075
环氧乙烷	75-21-8	44.00	1 250	0.000 142	0.000 014 5	0.104
乙醚	60-29-7	74.10	520	0.000 68	0.000 009 3	0.074
甲醛	50-00-0	30.00	3 500	0.000 057 6	0.000 019 8	0.178
甲酸	64-18-6	46.00	42	0.000 000 7	0.000 001 37	0.079
氟氯烷	NOCAS3	120.92	5 000	0.401	0.000 01	0.104

化学品名称	CAS 编号	分子量	25℃下的蒸气压/mmHg	25℃下的亨利定律常数/（atm·m³/mol）	25℃下化学品在水中的扩散系数/（cm²/s）	25℃下化学品在空气中的扩散系数/（cm²/s）
呋喃	110-00-9	68.08	596	0.005 34	0.000 012 2	0.104
糠醛	96-01-1	96.09	2	0.000 081 1	0.000 010 4	0.087 2
庚烷（异庚烷）	142-82-5	100.21	66	1.836	0.000 007 11	0.187
六氯苯	118-74-1	284.80	1	0.000 68	0.000 005 91	0.054 2
六氯丁二烯	87-68-3	260.80	0.15	0.025 6	0.000 006 2	0.056 1
六氯环戊二烯	77-47-4	272.80	0.081	0.016	0.000 006 16	0.056 1
六氯乙烷	67-72-1	237.00	0.65	0.000 002 49	0.000 006 8	0.002 49
己烷（正己烷）	100-54-3	86.20	150	0.122	0.000 007 77	0.2
己醇（正己醇）	111-27-3	102.18	0.812	0.000 018 2	0.000 007 53	0.059
氢氰酸	74-90-8	27.00	726	0.000 000 465	0.000 018 2	0.197
氢氟酸	7664-39-3	20.00	900	0.000 237	0.000 033	0.388
硫化氢	7783-06-4	34.10	15 200	0.023	0.000 016 1	0.176
异佛尔酮	78-59-1	138.21	0.439	0.000 005 76	0.000 006 76	0.062 3
甲醇	67-56-1	32.00	114	0.000 002 7	0.000 016 4	0.15
乙酸甲酯	79-20-9	74.10	235	0.000 102	0.000 01	0.104
氯甲烷	74-87-3	50.50	3 830	0.008 14	0.000 006 5	0.126
甲基乙基酮	78-93-3	72.10	100	0.000 043 5	0.000 009 8	0.080 8
甲基异丁酮	108-10-1	100.20	15.7	0.000 049 5	0.000 007 8	0.075
甲基丙烯酸甲酯	80-62-6	100.10	39	0.000 066	0.000 008 6	0.077
甲基苯乙烯（α-甲基苯乙烯）	98-83-9	118.00	0.076	0.005 91	0.000 011 4	0.264
二氯甲烷	75-09-2	85.00	438	0.003 19	0.000 011 7	0.101
吗啉	110-91-8	87.12	10	0.000 057 3	0.000 009 6	0.091

化学品名称	CAS 编号	分子量	25℃下的蒸气压/mmHg	25℃下的亨利定律常数/（$atm·m^3/mol$）	25℃下化学品在水中的扩散系数/（cm^2/s）	25℃下化学品在空气中的扩散系数/（cm^2/s）
萘	91-20-3	128.20	0.23	0.001 18	0.000 007 5	0.059
硝基苯胺（邻硝基苯胺）	88-74-4	138.14	0.003	0.000 000 5	0.000 008	0.073
硝基苯	98-95-3	123.10	0.3	0.000 013 1	0.000 008 6	0.076
五氯苯	608-93-5	250.34	0.004 6	0.007 3	0.000 006 3	0.057
五氯乙烷	76-01-7	202.30	4.4	0.021	0.000 007 3	0.066
五氯苯酚	87-86-5	266.40	0.000 99	0.000 002 8	0.000 006 1	0.056
苯酚	108-95-2	94.10	0.34	0.000 000 454	0.000 009 1	0.082
碳酰氯	75-44-5	98.92	1 390	0.171	0.000 001 12	0.108
邻苯二甲酸	100-21-0	166.14	121	0.013 2	0.000 006 8	0.064
邻苯二甲酸酐	85-44-9	148.10	0.001 5	0.000 000 9	0.000 008 6	0.071
甲基吡啶（2-甲基吡啶）	108-99-6	93.12	10.4	0.000 127	0.000 009 6	0.075
多氯联苯	1336-36-3	290.00	0.001 85	0.000 4	0.000 01	0.104
丙醇（异丙醇）	71-23-8	60.09	42.8	0.000 15	0.000 010 4	0.098
丙醛	123-38-6	58.08	300	0.001 15	0.000 011 4	0.102
丙二醇	57-55-6	76.11	0.3	0.000 001 5	0.000 010 2	0.093
环氧丙烷	75-66-9	58.10	525	0.001 34	0.000 01	0.104
吡啶	110-86-1	79.10	20	0.000 023 6	0.000 007 6	0.091
间苯二酚	108-46-3	110.11	0.000 26	0.000 000 018 8	0.000 008 7	0.078
苯乙烯	100-42-5	104.20	7.3	0.002 61	0.000 008	0.071
四氯乙烷（1,1,1,2-四氯乙烷）	630-20-6	167.85	6.5	0.002	0.000 007 9	0.071
四氯乙烷（1,1,2,2-四氯乙烷）	79-34-5	167.85	6.5	0.000 38	0.000 007 9	0.071
四氯乙烯	127-18-4	165.83	19	0.029	0.000 008 2	0.072

化学品名称	CAS 编号	分子量	25℃下的蒸气压/mmHg	25℃下的亨利定律常数/（atm·m^3/mol）	25℃下化学品在水中的扩散系数/（cm^2/s）	25℃下化学品在空气中的扩散系数/（cm^2/s）
四氢呋喃	109-99-9	72.12	72.1	0.000 049	0.000 010 5	0.098
甲苯	109-88-3	92.40	30	0.006 68	0.000 008 6	0.087
甲苯二异氰酸酯（2,4-甲苯二异氰酸酯）	584-84-9	174.16	0.08	0.000 008 3	0.000 006 2	0.061
三氯三氟乙烷（1,1,2-三氯三氟乙烷）	76-13-1	187.38	300	0.435	0.000 008 2	0.078
三氯苯（1,2,4-三氯苯）	120-82-1	181.50	0.18	0.001 42	0.000 007 7	0.067 6
三氯丁烷（1,2,3-三氯丁烷）	NOCAS5	161.46	4.39	4.66	0.000 007 2	0.066
三氯乙烷（1,1,1-三氯乙烷）	71-55-6	133.40	123	0.004 92	0.000 008 8	0.078
三氯乙烷（1,1,2-三氯乙烷）	79-00-5	133.40	25	0.000 742	0.000 008 8	0.078
三氯乙烯	79-01-6	131.40	75	0.009 1	0.000 009 1	0.079
三氯氟甲烷	75-69-4	137.40	796	0.058 3	0.000 009 7	0.087
三氯苯酚（2,4,6-三氯苯酚）	88-06-2	197.46	0.007 3	0.000 017 7	0.000 007 5	0.066 1
三氯丙烷（1,1,1-三氯丙烷）	NOCAS6	147.43	3.1	0.029	0.000 007 9	0.071
三氯丙烷（1,2,3-三氯丙烷）	96-18-4	147.43	3	0.028	0.000 007 9	0.071
尿素	57-13-6	60.06	6.69	0.000 264	0.000 013 7	0.122
醋酸乙烯酯	108-05-4	86.09	115	0.000 62	0.000 009 2	0.085
氯乙烯	75-01-4	62.50	2 660	0.086	0.000 012 3	0.106
偏二氯乙烯	75-35-4	97.00	591	0.015	0.000 010 4	0.09
二甲苯（间二甲苯）	1330-20-7	106.17	8	0.005 2	0.000 007 8	0.07
二甲苯（邻二甲苯）	95-47-6	106.17	7	0.005 27	0.000 01	0.087

化学品名称	安托万方程蒸气压系数A	安托万方程蒸气压系数B	安托万方程蒸气压系数C	最大生物降解速率常数/[g/（g生物量·s）]	半饱和常数/（g/m^3）	25℃下正辛醇-水分配系数
乙醛	8.005	1 600.017	291.809	0.000 022 894 4	419.054 2	2.691 53
乙酸	7.387	1 533.313	222.309	0.000 003 888 9	14.285 7	0.489 78
乙酸酐	7.149	1 444.718	199.817	0.000 002 694 4	1.932 3	1
丙酮	7.117	1 210.595	229.664	0.000 000 361 1	1.130 4	0.575 44
乙腈	7.119	1 314.4	230	0.000 004 25	152.601 4	0.457 09
丙烯醛	2.39	0	0	0.000 002 166 7	22.941 2	0.812 83
丙烯酰胺	11.293 2	3 939.877	273.16	0.000 004 25	56.238 8	6.321 82
丙烯酸	5.652	648.629	154.683	0.000 002 694 4	54.781 9	2.041 74
丙烯氰	7.038	1 232.53	222.47	0.000 005	24	0.120 23
己二酸	0	0	0	0.000 002 694 4	66.994 3	1.202 26
烯丙醇	0	0	0	0.000 004 887 2	3.924 1	1.479 11
氨基苯酚（邻氨基苯酚）	0	0	0	0.000 004 25	68.135 6	3.815 33
氨基苯酚（对氨基苯酚）	−3.357	699.157	−331.343	0.000 004 25	68.135 6	3.815 33
氨气	7.554 7	1 002.711	247.885	0.000 004 25	15.3	1
乙酸戊酯（乙酸正戊酯）	0	0	0	0.000 002 694 4	16.114 2	51.108 01
苯胺	7.32	1 731.515	206.049	0.000 001 972 2	0.338 1	7.943 28
苯	6.905	1 211.033	220.79	0.000 005 277 8	13.571 4	141.253 75
苯并[*a*]蒽	6.982 4	2 426.6	156.6	0.000 008 638 9	1.700 6	407 380.277 8
苯并[*a*]芘	9.245 5	3 724.363	273.16	0.000 008 638 9	1.230 3	954 992.586 02
苄基氯	0	0	0	0.000 004 930 6	17.567 4	199.526 23
双（2-氯乙基）醚	0	0	0	0.000 002 988 9	20.002 1	38.018 94

化学品名称	安托万方程蒸气压系数 A	安托万方程蒸气压系数 B	安托万方程蒸气压系数 C	最大生物降解速率常数/[g/（g 生物量·s）]	半饱和常数/（g/m^3）	25℃下正辛醇-水分配系数
双（2-氯异丙基）醚	0	0	0	0.000 002 988 9	8.338 2	380.189 4
双（2-乙基己基）邻苯二甲酸二酯	0	0	0	0.000 000 213 9	2.2	199 526.231 5
三溴甲烷	0	0	0	0.000 002 988 9	10.653	199.526 23
溴化甲烷	0	0	0	0.000 002 988 9	30.442 2	12.589 25
丁二烯（1,3-丁二烯）	6.849	930.546	238.854	0.000 004 253 4	15.3	74.323 47
丁醇（异丁醇）	7.474 3	1 314.19	186.55	0.000 002 166 7	70.909 1	5.623 41
丁醇（正丁醇）	7.476 8	1 362.39	178.77	0.000 002 166 7	70.909 1	5.623 41
酞酸丁苄酯	0	0	0	0.000 008 638 9	14.136 4	60 255.958 61
二硫化碳	6.942	1 169.11	241.59	0.000 004 253 4	5.817 5	1
四氯化碳	6.934	1 242.43	230	0.000 000 416 7	1	524.807 46
氯甲酚（对氯间甲酚）	0	0	0	0.000 002 988 9	5.290 2	1 258.925 41
氯乙醛	0	0	0	0.000 002 988 9	49.838	3.440 5
氯苯	6.978	1 431.05	217.55	0.000 000 108 3	0.039	316.227 77
三氯甲烷	6.493	929.44	196.03	0.000 000 816 7	3.721 5	91.201 08
氯萘（2-氯萘）	0	0	0	0.000 002 988 9	2.167	13 182.567 39
氯丁二烯	6.161	783.45	179.7	0.000 002 996 8	6.341 2	1
甲酚（间甲酚）	7.508	1 856.36	199.07	0.000 006 447 2	1.365 3	93.325 43
甲酚（邻甲酚）	6.911	1 435.5	165.16	0.000 006 327 8	1.34	95.499 26
甲酚（对甲酚）	7.035	1 511.08	161.85	0.000 006 447 2	1.365 3	87.096 36
甲酚	0	0	0	0.000 004 166 7	15	1
丁烯醛	0	0	0	0.000 002 694 4	27.628 5	12.368 33

化学品名称	安托万方程蒸气压系数A	安托万方程蒸气压系数B	安托万方程蒸气压系数C	最大生物降解速率常数/[g/（g 生物量·s)]	半饱和常数/（g/m^3）	25℃下正辛醇-水分配系数
枯烯（异丙苯）	6.963	1 460.793	207.78	0.000 008 645 8	16.542 6	1
环己烷	6.841	1 201.53	222.65	0.000 004 253 4	15.3	338.068 7
环己醇	6.255	912.87	109.13	0.000 002 694 4	18.081 6	37.743 14
环己酮	7.849 2	2 137.192	273.16	0.000 003 191 7	41.892 1	6.456 54
邻苯二甲酸二正辛酯	0	0	0	0.000 000 083	0.02	141 253.7
邻苯二甲酸正丁酯	6.639	1 744.2	113.59	0.000 000 111 1	0.4	158 489.319 25
二氯丁烯（1,4-二氯-2-丁烯）	0	0	0	0.000 002 988 9	9.897 3	242.154 2
二氯苯（1,2-二氯苯；邻二氯苯）	0.176	0	0	0.000 000 694 4	4.310 3	2 398.832 92
二氯苯（1,3-二氯苯；间二氯苯）	0	0	0	0.000 001 777 8	2.782 6	2 398.832 92
二氯苯（1,4-二氯苯；对二氯苯）	0.079	0	0	0.000 001 777 8	2.782 6	2 454.708 92
二氯二氟甲烷	0	0	0	0.000 002 988 9	12.041 3	144.543 98
二氯乙烷（1,1-二氯乙烷）	0	0	0	0.000 002 988 9	4.678 3	61.659 5
二氯乙烷（1,2-二氯乙烷）	7.025	1 272.3	222.9	0.000 000 583 3	2.142 9	61.659 5
二氯乙烯（1,2-二氯乙烯）	6.965	1 141.9	231.9	0.000 002 988 9	6.329 4	1
二氯苯酚（2,4-二氯苯酚）	0	0	0	0.000 006 944 4	7.575 8	562.341 33
二氯苯氧基乙酸（2,4-二氯苯氧基乙酸）	0	0	0	0.000 002 988 9	14.893 4	82.614 45
二氯丙烷（1,2-二氯丙烷）	6.98	1 380.1	22.8	0.000 004 722 2	12.142 9	1
二乙基苯胺（*N,N*-二乙基苯胺）	7.466	1 993.57	218.5	0.000 004 25	27.004 7	43.575 96
酞酸二乙酯	0	0	0	0.000 000 753	1.28	1 412.537
二甲基甲酰胺	6.928	1 400.87	196.43	0.000 004 25	15.3	1
二甲基肼（1,1-二甲基肼）	7.408	1 305.91	225.53	0.000 004 25	15.3	1

化学品名称	安托万方程蒸气压系数A	安托万方程蒸气压系数B	安托万方程蒸气压系数C	最大生物降解速率常数/[g/（g生物量·s）]	半饱和常数/（g/m³）	25℃下正辛醇-水分配系数
邻苯二甲酸二甲酯	4.522	700.31	51.42	0.000 000 611 1	0.709 7	74.131 02
二甲基苯并[a]蒽	0	0	0	0.000 008 638 9	0.337 7	28 680 056.330 87
二甲苯酚（2,4-二甲苯酚）	0	0	0	0.000 002 972 2	2.276 6	263.026 8
二硝基苯（间二硝基苯）	4.337	229.2	−137	0.000 004 25	29.914 6	33.288 18
二硝基甲苯（2,4-二硝基甲苯）	5.798	1 118	61.8	0.000 004 25	19.523 3	102.329 3
二氧六环（二噁烷）	7.431	1 554.68	240.34	0.000 002 694 4	24.700 1	16.609 56
二噁英	12.88	6 465.5	273	0.000 002 996 8	6.341 2	1
二苯胺	0	0	0	0.000 005 277 8	8.410 3	1 659.586 91
表氯醇	8.229 4	2 086.816	273.16	0.000 002 996 8	6.341 2	1.071 52
乙醇	8.321	1 718.21	237.52	0.000 002 444 4	9.777 8	0.478 63
乙醇胺（一乙醇胺）	7.456	1 577.67	173.37	0.000 004 25	223.032 1	0.168 65
丙烯酸乙酯	7.964 5	1 897.011	273.16	0.000 002 694 4	39.411 9	4.856 67
氯乙烷	6.986	1 030.01	238.61	0.000 002 988 9	22.807 4	26.915 35
乙基丙基丙烯醛（2-乙基-3-丙基丙烯醛）	0	0	0	0.000 004 25	15.3	1
乙酸乙酯	7.101	1 244.95	217.88	0.000 004 883 3	17.58	1
乙苯	6.975	1 424.255	213.21	0.000 001 888 9	3.238 1	1 412.537 54
环氧乙烷	7.128	1 054.54	237.76	0.000 001 166 7	4.615 4	0.500 03
乙醚	6.92	1 064.07	228.8	0.000 002 694 4	17.120 6	43.575 96
甲醛	7.195	970.6	244.1	0.000 001 388 9	20	87.096 36
甲酸	7.581	1 699.2	260.7	0.000 002 694 4	161.397 7	0.119 1
氟氯烷	0	0	0	0.000 002 996 8	6.341 2	1

化学品名称	安托万方程蒸气压系数A	安托万方程蒸气压系数B	安托万方程蒸气压系数C	最大生物降解速率常数/[g/（g生物量·s）]	半饱和常数/（g/m^3）	25℃下正辛醇-水分配系数
呋喃	6.975	1 060.87	227.74	0.000 002 694 4	14.193 6	71.371 86
糠醛	6.575	1 198.7	162.8	0.000 002 694 4	18.060 2	37.860 47
庚烷（异庚烷）	6.899 4	1 331.53	212.41	0.000 004 253 4	15.3	1 453.372
六氯苯	0	0	0	0.000 002 988 9	0.665 1	295 120.922 67
六氯丁二烯	0.824	0	0	0.000 003	6.341 2	5 495.408
六氯环戊二烯	0	0	0	0.000 002 996 8	0.341 2	9 772.372
六氯乙烷	0	0	0	0.000 002 988 9	3.387 6	4 068.328 38
己烷（正己烷）	6.876	1 171.17	224.41	0.000 004 253 4	15.3	534.084 5
己醇（正己醇）	7.86	1 761.26	196.66	0.000 002 694 4	15.206 8	59.528 51
氢氰酸	7.528	1 329.5	260.4	0.000 002 694 4	1.932 3	1
氢氟酸	7.217	1 268.37	273.87	0.000 002 694 4	1.932 3	1
硫化氢	7.614	885.319	250.25	0.000 002 988 9	6.329 4	1
异佛尔酮	0	0	0	0.000 004 25	25.606 7	50.118 72
甲醇	7.897	1 474.08	229.13	0.000 005	90	0.199 53
乙酸甲酯	7.065	1 157.63	219.73	0.000 005 519 4	159.246 6	0.812 83
氯甲烷	7.093	948.58	249.34	0.000 002 988 9	14.855	83.176 38
甲基乙基酮	6.974 2	1 209.6	216	0.000 000 555 6	10	1.905 46
甲基异丁酮	6.672	1 168.4	191.9	0.000 000 205 6	1.638 3	23.988 33
甲基丙烯酸甲酯	8.409	2 050.5	274.4	0.000 002 694 4	109.234 2	0.332 21
甲基苯乙烯（α-甲基苯乙烯）	6.923	1 486.88	202.4	0.000 008 639	11.124 38	2 907.589
二氯甲烷	7.409	1 325.9	252.6	0.000 006 111 1	54.576 2	17.782 79

化学品名称	安托万方程蒸气压系数A	安托万方程蒸气压系数B	安托万方程蒸气压系数C	最大生物降解速率常数/[g/（g生物量·s）]	半饱和常数/（g/m^3）	25℃下正辛醇-水分配系数
吗啉	7.718 1	1 745.8	235	0.000 004 25	291.984 7	0.083 18
萘	7.01	1 733.71	201.86	0.000 011 797 2	42.47	1
硝基苯胺（邻硝基苯胺）	8.868	336.5	273.16	0.000 004 25	22.853 5	67.608 3
硝基苯	7.115	1 746.6	201.8	0.000 003 055 6	4.782 6	69.183 1
五氯苯	0	0	0	0.000 002 988 9	0.430 7	925 887.029 02
五氯乙烷	6.74	1 378	197	0.000 002 988 9	0.430 7	925 887.029 02
五氯苯酚	0	0	0	0.000 036 111 1	38.235 3	102 329.299 23
苯酚	7.133	1 516.79	174.95	0.000 026 944 4	7.461 5	28.840 32
碳酰氯	6.842	941.25	230	0.000 004 25	70.866 4	3.440 5
邻苯二甲酸	0	0	0	0.000 002 694 4	34.983	6.646 23
邻苯二甲酸酐	8.022	2 868.5	273.16	0.000 004 887 2	3.924 1	0.239 88
甲基吡啶（2-甲基吡啶）	7.032	1 415.73	211.63	0.000 004 25	44.828 6	11.481 54
多氯联苯	0	0	0	0.000 005 278	20	1
丙醇（异丙醇）	8.117	1 580.92	219.61	0.000 004 166 7	200	0.691 83
丙醛	16.231 5	2 659.02	−44.15	0.000 002 694 4	39.228 4	4.916 68
丙二醇	8.208 2	2 085.9	203.539 6	0.000 002 694 4	109.357 4	0.331 41
环氧丙烷	8.276 8	1 656.884	273.16	0.000 004 887 2	3.924 1	1
吡啶	7.041	1 373.8	214.98	0.000 009 730 6	146.913 9	4.466 84
间苯二酚	6.924 3	1 884.547	186.059 6	0.000 002 694 4	35.680 9	6.309 57
苯乙烯	7.14	1 574.51	224.09	0.000 008 638 9	282.727 3	1 445.439 77
四氯乙烷（1,1,1,2-四氯乙烷）	6.898	1 365.88	209.74	0.000 002 988 9	6.329 4	1

化学品名称	安托万方程蒸气压系数A	安托万方程蒸气压系数B	安托万方程蒸气压系数C	最大生物降解速率常数/[g/（g 生物量·s）]	半饱和常数/（g/m³）	25℃下正辛醇-水分配系数
四氯乙烷（1,1,2,2-四氯乙烷）	6.631	1 228.1	179.9	0.000 001 722 2	9.117 6	363.078 05
四氯乙烯	6.98	1 386.92	217.53	0.000 001 722 2	9.117 6	398.107 17
四氢呋喃	6.995	1 202.29	226.25	0.000 002 694 4	20.370 2	27.582 21
甲苯	6.954	1 344.8	219.48	0.000 020 411 1	30.616 7	489.778 82
甲苯二异氰酸酯（2,4-甲苯二异氰酸酯）	0	0	0	0.000 004 25	15.3	1
三氯三氟乙烷（1,1,2-三氯三氟乙烷）	6.88	1 099.9	227.5	0.000 002 988 9	3.387 6	4 068.328 38
三氯苯（1,2,4-三氯苯）	0	0	0	0.000 002 988 9	2.449 5	9 549.925 86
三氯丁烷（1,2,3-三氯丁烷）	0	0	0	0.000 002 996 8	6.341 2	1 450 901.066 26
三氯乙烷（1,1,1-三氯乙烷）	8.643	2 136.6	302.8	0.000 000 972 2	4.729 7	309.029 54
三氯乙烷（1,1,2-三氯乙烷）	6.951	1 314.41	209.2	0.000 000 972 2	4.729 7	1
三氯乙烯	6.518	1 018.6	192.7	0.000 001 083 3	4.431 8	194.984 46
三氯氟甲烷	6.884	1 043.004	236.88	0.000 003	6.341 2	338.844 1
三氯苯酚（2,4,6-三氯苯酚）	0	0	0	0.000 004 25	58.846 2	4 897.788 19
三氯丙烷（1,1,1-三氯丙烷）	0	0	0	0.000 002 988 9	10.771 9	193.782 7
三氯丙烷（1,2,3-三氯丙烷）	6.903	788.2	243.23	0.000 002 988 9	10.771 9	193.782 7
尿素	0	0	0	0.000 004 25	4.816 9	4 068.328 38
醋酸乙烯酯	7.21	1 296.13	226.66	0.000 002 694 4	31.836 3	8.517 22
氯乙烯	3.425	0	0	0.000 003	6.341 2	1.148 15
偏二氯乙烯	6.972	1 099.4	237.2	0.000 002 996 8	6.341 2	1
二甲苯（间二甲苯）	7.009	1 426.266	215.11	0.000 008 638 9	14.009 4	1 584.893 19
二甲苯（邻二甲苯）	6.998	1 474.679	213.69	0.000 011 330 6	22.856 9	891.250 94

估算排放率（N）的第一步是计算个体气相和液相传质系数 k_g 和 k_ℓ。这些个体系数随后用于计算总传质系数 K。油相总传质系数 K_{oil} 和堰的总传质系数 K_D 的计算不在这个计算过程内。K_{oil} 的计算只需要 k_g，而 K_D 的计算不需要任何个体传质系数。总传质系数随后用于计算排放率。下文会描述如何使用图 3-4 确定排放率。

图 3-4 分为两部分：（1）废水处理与存储系统；（2）废水收集系统。废水处理与存储系统进一步细分为曝气系统/非曝气系统、生物活性系统、油膜分层系统以及表面蓄水池溢流或清理系统。在溢流系统中，废水经过处理排入 POTW 或废水接收体（如河流或小溪）。所有废水收集系统都根据溢流系统定义。另外，清理系统不排放任何废水。

图 3-4 包括估算空气排放物所需的信息，这些空气排放物来自接线盒、抽水站、集水槽、堰以及澄清池堰。集水槽被视为静止状态，而接线盒、抽水站和堰实质上是紊流状态。接线盒与抽水站之所以处于紊流状态是由于流入的流量通常高于组件的水位，从而形成一些喷溅。

废水从堰泄下或溢出，在废水接收体（堰和澄清池堰模型）中产生喷溅。堰中的废水可以直接进入泄落步骤进行曝气（通常只在堰模型中进行）。

评估排水管、检查井、沟渠的 VOC 排放量对于确定废水设施排放总量也很重要。由于这些排放源都暴露于空气中并且离废水产生地最近（即废水温度和污染物浓度最高），因此排放量十分可观。目前这些收集系统类型还没有完善的排放模型，但为解决这种需求的工作已全面展开。

废水收集系统单元 VOC 排放的原始模型已研发[4]。参考文献 4 中的排放方程式与标准收集系统参数，均可用于估算废水流经每个装置时排放的组分所占的比例，估算结果分为高挥发性、中挥发性和低挥发性化合物。用于估算的装置包括开放式排水管、检查井盖、开放式排水沟和遮盖式集水槽。

图 3-4 中的 k_ℓ、k_g、K_{oil}、K_D、K 和 N 各列下的数值是参考表 3-1 中相应的方程式得出的[a]。表 3-2 列出了这些方程式中的所有参数的定义、每个参数必须使用的单位以及用来定位输入值的代码。如果参数的代码为字母 A，就需要具体地点

---

[a] 图 3-4 中所示的所有排放模型系统表示完全混合或均衡的废水浓缩系统。塞流系统、无轴系统、水平混合系统的排放模型涉及面太广，因此本书并未提及（如塞流系统就是废水高速流过狭窄通道）。有关此类排放模型的信息，请参见参考文献 1。

的值。代码 B 也需要特定地点的参数，但也可以使用默认值。这些默认值是典型值或平均值，在表 3-3 中按特定系统列出。

代码 C 表示参数可以从文献资料数据中获取。表 3-4 列出了约 150 种化学物质及其物理性质，这在使用表 3-1 中所示的方程式计算废水排放量时需要用到。所有特性都是温度在 25℃（77℉）时所具备的特性。参考文献 1 附录 C 提供了范围更广的化学性质数据库。代码为 D 的参数是计算值。

废水收集、处理和存储系统空气排放物的计算过程十分复杂，尤其是多种系统并存时。人工计算不仅容易出错而且非常耗时，因此目前都使用计算机程序［即表面蓄水池建模系统（Surface Impoundment Modeling System，SIMS）］估算空气排放物。该程序由菜单驱动，能够对图 3-4 中单独或系列展示的所有表面蓄水池模型空气排放物进行估算。每个收集、处理或存储系统组件都需要该程序，至少废水流量和组分表面面积的估算要用到。提供的所有其他输入值将作为默认值。如果可以获取具体地点信息，则应当输入这些信息替换默认值，因为系统特征越完整，排放量的估算越准确。

SIMS 程序、用户手册和背景技术文件，可以通过州际空气污染控制机构及美国国家环境保护局控制技术中心［地址：北卡罗来纳三角研究园；电话（919）541-0800］进行查阅。应当遵照用户指南及背景技术资料进行操作才能得到有意义的结果。

SIMS 程序和用户手册也可在 EPA 的排放清单与排放因子信息交易中心（Clearinghouse for Inventories and Emission Factors，CHIEF）的电子公告板（Bulletin Board，BB）下载。CHIEF BB 对所有与空气排放物库存相关的人员开放。要访问此 BB，只需一台计算机、调制解调器和通信程序包［能够在 14 400 波特、8 数据位、1 停止位且无奇偶校验（8-N-1）的情况下通信］。此 BB 是 EPA 的 OAQPS 技术转移网络系统的一部分，联系电话是（919）541-5742。新手用户在访问之前必须注册。

SIMS 的排放物是根据 TSDF 与工业废水 VOC 排放量评估阶段排放物标准部门（Emissions Standards Division，ESD）开发的传质模型进行估算的。作为 TSDF 项目的一部分研发的莲花®电子表格程序（即 CHEMDAT7），是为了对废水土地处理系统、开放式垃圾填埋场、封闭式垃圾填埋场、垃圾堆和各类表面蓄水池的 VOC

排放量进行估算。有关 CHEMDAT7 的详细信息，请与美国 EPA 的 ESD 化工与石油分部（MD 13）联系（地址：北卡罗来纳州三角研究园；邮编：27711）。

3.2.2 范例计算

范例中的工业设施是溢流道式机械曝气生物处理蓄水池，可接收受苯污染（浓度为 10.29 g/m^3）的废水。

计算处理过程的苯排放量步骤：

- 确定要使用的排放模型
- 用户提供的信息
- 默认值
- 污染物物理性质数据与水、空气及其他特性
- 计算个体传质系数
- 计算总传质系数
- 计算 VOC 排放量

（1）确定要使用的排放模型

按照图 3-4 中的流程所示，处理系统（非扩散空气型曝气生物活性溢流道系统）的排放模型包含以下公式：

参数	定义	表 3-1 中的方程式编号
K	总传质系数，m/s	7
k_ℓ	个体液相传质系数，m/s	1，3
k_g	个体气相传质系数，m/s	2，4
N	VOC 排放量，g/s	16

（2）用户提供的信息

确定正确的排放模型后，会需要用到一些具体地点参数。对于此模型，至少要提供具体地点流量、废水表面面积和深度以及污染物浓度。本范例中，这些参数的值如下：

体积流量 $Q = 0.062\ 3\ m^3/s$

废水深度 $D = 1.97\ m$

废水表面面积 $A = 17\ 652\ m^2$

液相中苯的初始浓度 $C_0 = 10.29\ g/m^3$

（3）默认值

表 3-3 中列出了某些排放模型参数的默认值。如果可用，应当使用具体地点的值。本设施使用了表 3-3 中所有可用的通用及生物处理系统默认值：

高于液体表面 10 m 的风速 $U_{10} = e = 4.47\ m/s$

水的温度 $T = 25$℃（298 K）

曝气处理系统的生物量浓度 $b_i = 300\ g/m^3$

表面曝气器的氧转移等级 $J = 3\ lb\ O_2/$（hp·h）

曝气器总功率 POWR = 0.75 hp/1 000 ft^3（V）

氧转移校正因子 $O_t = 0.83$

紊流表面面积 $Va_v = 0.24$（A）

叶轮直径 $d = 61$ cm

叶轮直径 $d^* = 2$ ft

叶轮转速 $w = 126$ rad/s

曝气器数量 N_I = POWR/75 hp

（4）污染物物理性质数据与水、空气及其他特性

对于每种污染物，表 3-4 列出了本模型所需的特定物理性质。表 3-2 列出了水、空气及其他特性的值。

①苯（来自表 3-4）

苯在水中的扩散性 $D_{w,\ benzene} = 9.8 \times 10^{-6}\ cm^2/s$

苯在空气中的扩散性 $D_{a,\ benzene} = 0.088\ cm^2/s$

苯的亨利定律常数 $H_{benzene} = 0.005\ 5\ atm \cdot m^3/mol$

苯的最大生物量常数 $K_{maxbenzene} = 5.28 \times 10^{-6}$ g/（g·s）

苯的半饱和度生物量常数 $K_{s,\ benzene} = 13.6\ g/m^3$

②水、空气及其他特性（来自表 3-3）

空气的密度 $\rho_a = 1.2 \times 10^3\ g/cm^3$

水的密度 $\rho_L = 1\ g/cm^3$（62.4 lb_m/ft^3）

空气的黏度 $\mu_A = 1.81 \times 10^{-4}$ g/（cm·s）

氧气在水中的扩散性 $D_{O_2,\ w} = 2.4 \times 10^{-5}\ cm^2/s$

醚在水中的扩散性 $D_{ether} = 8.5\times10^{-6}\ cm^2/s$

水的摩尔质量 $MW_L = 18\ g/mol$

空气的摩尔质量 $MW_a = 29\ g/mol$

引力常数 $g_c = 32.17\ lb_m\cdot ft/(lb_f\cdot s^2)$

通用气体常数 $R = 8.21\times10^{-5}\ atm\cdot m^3/mol$

（5）计算个体传质系数

由于部分蓄水池是紊流状态，部分蓄水池是静止状态，因此个体传质系数是由表面蓄水池的紊流面积与静态面积共同确定。

蓄水池的紊流面积（来自表 3-1 中的方程式 3 和方程式 4）

①计算个体液相传质系数 k_ℓ：

$$k_\ell\ (m/s) = [(8.22\times10^{-9})(J)(POWR)(1.024)^{(T-20)}\times (O_t)(10^6)MW_L/(Va_v\rho_L)](D_w/D_{O_2,w})^{0.5}$$

分别计算曝气器总功率 POWR 与紊流表面面积 Va_v（注意：有些需要转换）。

a. 计算曝气器总功率 POWR［（3）中列出的默认值］：

$$POWR(hp) = 0.75\ hp/1\ 000\ ft^3(V)$$

式中，V 为废水体积，m^3。

$$V(m^3) = (A)(D) = (17\ 652\ m^2)(1.97\ m)$$

$$V = 34\ 774\ m^3$$

$$POWR = (0.75\ hp/1\ 000\ ft^3)(ft^3/0.028\ 317\ m^3)(34\ 774\ m^3) = 921\ hp$$

b. 计算紊流表面面积 Va_v［（3）中列出的默认值］：

$$Va_v(ft^2) = 0.24(A) = 0.24(17\ 652\ m^2)(10.758\ ft^2/m^2) = 45\ 576\ ft^2$$

现在，使用以上计算结果及来自（2）、（3）、（4）的信息计算 k_ℓ：

$$k_\ell\ (m/s) = [(8.22\times10^{-9})(3\ lb\ O_2/hp\cdot h)(921\ hp)\times (1.024)^{(25-20)}(0.83)(10^6)(18\ g/mol)/ ((45\ 576\ ft^2)(1\ g/cm^3))]\times [(9.8\times10^{-6}\ cm^2/s)/(2.4\times10^{-5}\ cm^2/s)]^{0.5}$$

$$= (0.008\,38)(0.639)$$

$$k_\ell = 5.35\times10^{-3}\ \text{m/s}$$

②计算个体气相传质系数 k_g：

$$k_g(\text{m/s}) = (1.35\times10^{-7})(Re)^{1.42}(P)^{0.4}(Sc_G)^{0.5}(Fr)^{-0.21}(D_a\,\text{MW}_a/d)$$

分别计算雷诺数 Re、功率数 P、气侧施密特数 Sc_G 以及弗劳德数 Fr：

a. 计算雷诺数 Re：

$$Re = d^2\,w\,\rho_a/\mu_a$$

$$= (61\ \text{cm})^2(126\ \text{rad/s})(1.2\times10^{-3}\ \text{g/cm}^3)/(1.81\times10^{-4}\ \text{g/(cm·s)})$$

$$= 3.1\times10^6$$

b. 计算功率数 P：

$$P = [(0.85)(\text{POWR})[550(\text{ft·lb}_f)/(\text{s·hp})]/N_I]\,g_c/(\rho_L(d^*)^5\,w^3)$$

N_I = POWR/75 hp［（3）中列出的默认值］

$$P = (0.85)(75\ \text{hp})(\text{POWR/POWR})[550(\text{ft·lb}_f)/(\text{s·hp})]\times$$

$$[32.17(\text{lb}_m\text{·ft})/(\text{lb}_f\text{·s}^2)]/[(62.4\ \text{lb}_m/\text{ft}^3)(2\ \text{ft})^5(126\ \text{rad/s})^3]$$

$$= 2.8\times10^{-4}$$

c. 计算气侧施密特数 Sc_G：

$$Sc_G = \mu_a/(\rho_a\,D_a)$$

$$= [1.81\times10^{-4}\ \text{g/(cm·s)}]/[(1.2\times10^{-3}\ \text{g/cm}^3)(0.088\ \text{cm}^2/\text{s})]$$

$$= 1.71$$

d. 计算弗劳德数 Fr：

$$Fr = (d^*)w^2/g_c$$

$$= (2\ \text{ft})(126\ \text{rad/s})^2/[32.17(\text{lb}_m\text{·ft})/(\text{lb}_f\text{·s}^2)]$$

$$= 990$$

现在，使用以上计算结果及来自（2）、（3）、（4）的信息计算 k_g：

$$k_g(\text{m/s}) = (1.35\times10^{-7})(3.1\times10^6)^{1.42}(2.8\times10^{-4})^{0.4}(1.71)^{0.5}\times$$

$$(990)^{-0.21}(0.088\ \text{cm}^2/\text{s})(29\ \text{g/mol})/(61\ \text{cm})$$

$$= 0.109\ \text{m/s}$$

蓄水池静态表面面积（来自表 3-1 的方程式 1 和方程式 2）

①计算个体液相传质系数 k_ℓ：

$$F/D = 2(A/\pi)^{0.5}/D$$
$$= 2（17\ 652\ m^2/\pi)^{0.5}/(1.97\ m)$$
$$= 76.1$$

$$U_{10} = 4.47\ m/s$$

对于 $U_{10}>3.25$ m/s 和 $F/D>51.2$，使用以下系数：

$$k\ (m/s) = (2.61\times10^{-7})(U_{10})^2(D_w/D_{ether})^{2/3}$$
$$= (2.61\times10^{-7})(4.47\ m/s)^2[(9.8\times10^{-6}\ cm^2/s)/(8.5\times10^{-6}\ cm^2/s)]^{2/3}$$
$$= 5.74\times10^{-6}\ m/s$$

②计算个体气相传质系数 k_g：

$$k_g = (4.82\times10^{-3})(U_{10})^{0.78}(Sc_G)^{-0.67}(d_e)^{-0.11}$$

分别计算气侧施密特数 Sc_G 与有效直径 d_e：

a. 计算气侧施密特数 Sc_G：

$$Sc_G = \mu_a/(\rho_a\ D_a) = 1.71（与紊流蓄水池相同）$$

b. 计算有效直径 d_e：

$$d_e\ (m) = 2(A/\pi)^{0.5}$$
$$= 2(17\ 652\ m^2/\pi)^{0.5}$$
$$= 149.9\ m$$

$$k_g\ (m/s) = (4.82\times10^{-3})(4.47\ m/s)^{0.78}(1.71)^{-0.67}(149.9\ m)^{-0.11}$$
$$= 6.24\times10^{-3}\ m/s$$

（6）计算总传质系数

由于部分蓄水池是紊流状态，部分蓄水池是静止状态，因此总传质系数是由紊流与静态总传质系数的面积加权平均值确定（表 3-1 中的方程式 7）。

蓄水池紊流表面面积的总传质系数 K_T

$$K_T\ (m/s) = (k_\ell\ K_{eq}k_g)/(K_{eq}k_g + k_\ell)$$

$$K_{eq} = H/RT$$
$$= (0.005\ 5\ atm\cdot m^3/mol)/[(8.21\times10^{-5}\ atm\cdot m^3/mol\cdot K)(298\ K)]$$
$$= 0.225$$

$$K_T\,(\mathrm{m/s}) = (5.35\times10^{-3}\ \mathrm{m/s})(0.225)(0.109)/[(0.109\ \mathrm{m/s})(0.225)+(5.35\times10^{-6}\ \mathrm{m/s})]$$

$$K_T = 4.39\times10^{-3}\ \mathrm{m/s}$$

蓄水池静态表面面积的总传质系数 K_Q

$$K_Q\,(\mathrm{m/s}) = (k_\ell K_{eq}k_g)/(K_{eq}k_g + k_\ell)$$

$$= (5.74\times10^{-6}\ \mathrm{m/s})(0.225)(6.24\times10^{-3}\ \mathrm{m/s})/$$

$$[(6.24\times10^{-3}\ \mathrm{m/s})(0.225)+(5.74\times10^{-6}\ \mathrm{m/s})]$$

$$= 5.72\times10^{-6}\ \mathrm{m/s}$$

由紊流与静态表面面积 A_T 和 A_Q 加权的总传质系数 K

$$K\,(\mathrm{m/s}) = (K_T A_T + K_Q A_Q)/A$$

$A_T = 0.24(A)$［（3）中列出的默认值：$A_T = \mathrm{Va_v}$］

$$A_Q = (1-0.24)\,A$$

$$K\,(\mathrm{m/s}) = [(4.39\times10^{-3}\ \mathrm{m/s})(0.24\,A)+(5.72\times10^{-6}\ \mathrm{m/s})(1-0.24)A]/A$$

$$= 1.06\times10^{-3}\ \mathrm{m/s}$$

（7）计算曝气生物溢流道蓄水池的 VOC 排放量（来自表 3-1 的方程式 16）：

$$N\,(\mathrm{g/s}) = K\cdot C_L\cdot A$$

其中：$C_L(\mathrm{g/m^3}) = [-b + (b^2-4ac)^{0.5}]/(2a)$

而且：

$$a = KA/Q + 1$$

$$b = K_s(KA/Q + 1) + K_{max}\,b_i\,V/Q - C_0$$

$$c = -K_s C_0$$

分别计算 a、b、c 以及液相苯浓度 C_L：

①计算 a：

$$a = (KA/Q + 1) = [(1.06\times10^{-3}\ \mathrm{m/s})(17\,652\ \mathrm{m^2})/(0.062\,3\ \mathrm{m^3/s})] + 1 = 301.3$$

②计算 b［$V = 34\,774\ \mathrm{m^3}$，数据来自（4）］：

$$b = K_s(KA/Q + 1) + K_{max}\,b_i\,V/Q - C_0$$

$$= (13.6\ \mathrm{g/m^3})[(1.06\times10^{-3}\ \mathrm{m/s})(17\,652\ \mathrm{m^2})/(0.062\,3\ \mathrm{m^3/s})] +$$

$$[(5.28\times10^{-6}\ \mathrm{g/(g\cdot s)})(300\ \mathrm{g/m^3})(34\,774\ \mathrm{m^3})/(0.062\,3\ \mathrm{m^3/s})] - 10.29\ \mathrm{g/m^3}$$

$$= 4\,084.6 + 884.1 - 10.29$$

$$= 4\,958.46\ \mathrm{g/m^3}$$

③计算 c：

$$c = -K_s C_0$$
$$= -(13.6\ \text{g/m}^3)(10.29\ \text{g/m}^3)$$
$$= -139.94$$

④根据以上 a、b、c 的计算结果计算液相苯浓度 C_L：

$$C_L(\text{g/m}^3) = [-b + (b^2 - 4ac)^{0.5}]/(2a)$$
$$= [(4\ 958.46\ \text{g/m}^3) + [(4\ 958.46\ \text{g/m}^3)^2 - [4(301.3)(-139.94)]]^{0.5}]/(2(301.3))$$
$$= 0.028\ 2\ \text{g/m}^3$$

现在，使用以上计算结果与来自（2）和（5）的信息计算 N：

$$N(\text{g/s}) = K \cdot A \cdot C_L$$
$$= (1.06\times10^{-3}\ \text{m/s})(17\ 652\ \text{m}^2)(0.028\ 2\ \text{g/m}^3)$$
$$= 0.52\ \text{g/s}$$

3.3 控制

用于减少废水 VOC 排放量的控制技术类型通常包括：汽提或空气吹脱、碳吸附（液相）、化学氧化、膜分离、液液萃取和生物处理（好氧或厌氧）。为了有效控制 VOC 排放量，所有控制元件应当与废水产生地尽量接近，而且控制元件之前的所有废水收集、处理和存储系统应当有所遮盖来抑制排放。遮盖严密且维护得当的收集系统能够抑制 95%～99%的排放。但如果可能引起爆炸，应当将这些组分排放到控制设备（如焚化炉或碳吸附器）。

下面简要介绍上述控制技术以及二次控制技术（出现逸散型空气排放物时需要用到）。

汽提是指废水的分馏，在废水与蒸汽直接接触的基本操作原则下，用于去除挥发性有机成分。蒸汽可以为很多挥发性有机成分提供汽化所需的热量。有机杂质的挥发度和溶解度不同，去除效率也不一样。对于高挥发性化合物（HLC 大于 10^{-3} atm·m^3/mol），VOC 平均去除效率为 95%～99%；对于中挥发性化合物（HLC 为 10^{-5}～10^{-3} atm·m^3/mol），VOC 平均去除效率为 90%～95%；对于低挥发性化合物（HLC 小于 10^{-5} atm·m^3/mol），VOC 平均去除效率为 50%～90%。

空气吹脱是指通过空气与废水的接触去除挥发性有机成分。强制大量空气穿过污染水体，与空气接触的水体表面面积大幅增加，使有机化合物向气相的转换率升高。有机杂质的挥发度和溶解度不同，去除效率也不一样。对于高挥发性化合物，平均去除效率为 90%～99%；对于中挥发性化合物，平均去除效率为 50%～90%。

经过汽提或空气吹脱控制的产物大都排放到二次控制系统，如燃烧设备或气相碳吸附器。燃烧设备包含焚化炉、锅炉和火炬。燃料值高的排出气体可以作为代用燃料使用。排出气体通常与其他燃料（如天然气或燃油）结合使用。如果燃料值很低，排出气体可以受热与燃烧空气结合。特别要注意的是，诸如氯代烃类的有机物燃烧时会排放有毒污染物。

采用气相碳吸附的二次控制过程是利用活性炭的化合物亲和力。固定床碳吸附器和碳罐是 VOC 控制最常用的气相碳吸附类装置。固定床碳吸附器用于控制流速在 30～3 000 m^3/min 的连续有机气体流。碳罐比固定床装置结构简单很多，体积也小巧很多，通常用于控制流速低于 3 m^3/min 的有机气体流[4]。去除效率很大程度上取决于要去除的化合物类型，因此活性炭通常需要特定于污染物。平均去除效率为 90%～99%。

与气相碳吸附类似，液相碳吸附也是利用活性炭的化合物亲和力。由于活性炭表面面积较大，而且通常是便于处理的颗粒或粉末状，因此是极佳的吸附剂。液相碳吸附分为两类：固定床式和与移动床式。固定床碳吸附系统主要用于接触时间约为 15 分钟的低流量废水流，而且是间歇操作（也就是碳一旦消耗完毕，系统就会下线）。移动床碳吸附系统通常是连续操作，其间废水从底部引入而再生活性炭从顶部向下移动（逆流），随后废活性炭不断从床层底部清除。液相碳吸附通常用于低浓度非挥发性组分与高浓度非降解性化合物[5]。去除效率取决于化合物能否吸附在活性炭表面。平均清除效率为 90%～99%。

化学氧化是指有机化合物与氧化剂（如臭氧、过氧化氢、高锰酸或二氧化氯）之间的化学反应。臭氧一般通过紫外线臭氧反应器加入废水中；高锰酸和二氧化氯是直接加入废水中。特别要注意的是，加入二氧化氯会在副反应中形成氯代烃类。化学氧化技术是否适用取决于个体有机化合物的反应性。

膜分离过程分为两类：超滤和反渗透。超滤是一种物理筛分过程，主要以穿过薄膜的压力差为推动力。根据膜孔的大小，可以将分子量大于2 000的有机化合物分离出来。反渗透是在渗透压力差的作用下强制溶剂穿过半透膜的过程，因此，可以根据化合物的渗透扩散特性、化合物的分子直径以及膜孔大小进行选择[4]。

液液萃取是利用化合物在各种溶剂中溶解度的差异来进行分离的技术。将含有目标化合物的溶剂与化合物从中溶解度更高的溶剂相混合，可将化合物从溶剂中分离出来。这种技术经常用于产品与过程溶剂回收。通过蒸馏可以回收目标化合物，这样溶剂就可以重复使用。

生物处理是指利用微生物对好氧或厌氧有机化学品进行化学分解。通过生物降解能否去除有机物很大程度上取决于化合物的生物降解能力、化合物的挥发性以及吸附到固体表面的能力。去除效率可能几乎是0，也可能是100%。通常，易挥发的化合物（如氯化烃类和芳香烃）因其高挥发性生物降解极少，而酒精、其他溶于水的化合物与低挥发性的化合物在驯化系统中几乎完全生物降解。在驯化生物处理系统中，微生物能够将可用有机物转化为生物细胞或生物量。这种转化通常需要混合培养微生物，其中的每种有机物要利用适合自身代谢的食物来源。如果系统无法驯化（即有机体无法代谢可用的食物来源），有机体就会饿死，有机物也不会生物降解。

3.4 术语汇编

池槽：内砌泥土或混凝土的洼地，用于存放液体。

完全混合：特性和质量始终或随时都相同。

处置：永久存储的行为。液体流入而非流出设备。

排水管：液体收集设备，可以暴露于空气中，也可以密封防止蒸气散发。

溢流道：由进出设备的液体流组成。

塞流：特性和质量并非始终如一，因此会在液体流动的方向发生改变，但不是垂直于流动方向（也就是没有轴向运动）。

存储：接纳并保留日后用于排放液体的设备，进出设备的液体流并不连续。

处理：通过物理方法改善液体特性的行为，清除液体中的有害杂质。

VOC：挥发性有机物，表示除了以下已证实不具备光化学活性的所有有机物：甲烷、乙烷、三氯三氟乙烷、二氯甲烷、1,1,1-三氯乙烷、三氯氟甲烷、二氯二氟甲烷、氯二氟甲烷、三氟甲烷、二氯四氟乙烷和氯五氟乙烷。

3.5 废水-温室气体

温室气体的排放来自家庭和工业废水处理操作两方面。生物处理过程（如悬浮生长装置和附着生长装置）在厌氧状态下进行高生化需氧量（Biochemical Oxygen Demand，BOD）负载操作时，排放的温室气体主要是甲烷（CH_4），还有少量二氧化碳（CO_2）和一氧化二氮（N_2O）。废水处理工厂产生的甲烷还可以作为能源收集利用，或者燃烧利用。厌氧工艺是指在缺氧的情况下进行的处理过程。生物活性会使厌氧条件下的化学反应减弱，因此化学反应受各种因素（如 BOD 负载、氧浓度、磷氮水平、温度、氧化还原电势和保留时间）影响，这些因素会对排放量造成很大影响。

3.5.1 家庭废水处理过程

POTW 是一种处理设施，用来处理特定社区住宅与企业的废水。好氧处理速度快、气味小，在美国被大多数 POTW 采用。最常见的好氧处理工艺是活性污泥，即原生废水与含有活性好氧微生物的污泥混合（污泥在机械曝气池中激活）。微生物迅速吸附废水中悬浮的有机固体并对其进行生物氧化，产生 CO_2 [6]。POTW 采用各种不同的化学和生物过程，通常还包括很多好氧、厌氧和物理过程[7]。使用厌氧条件下进行高 BOD 负载的生物过程的设施会排放 CH_4，还有少量 CO_2 和 N_2O。对于开发此排放源的排放因子，目前没有关于 N_2O 和 CO_2 排放量的可用数据。此排放源和其他生物源排放的 CO_2 是碳循环的一部分，因此温室气体排放清单中不包含 CO_2。要估算典型废水处理厂中未控制的 CH_4 排放量，可以使用以下方程式：

$$(P)\times\left(\frac{\text{lb}\,\text{BOD}_5}{\text{人}/\text{d}}\right)\times\left(\frac{365\,\text{d}}{\text{a}}\right)\times\left(\frac{0.22\,\text{lb}\,\text{CH}_4}{\text{lb}\,\text{BOD}_5}\right)\times\left(\frac{\text{厌氧消化}}{\text{分数}}\right)=\left(\frac{\text{lb}\,\text{CH}_4}{\text{a}}\right)$$

式中：P——由 POTW 提供服务的社区的人口。

注意：要将 lb CH_4/a 转换为 kg CH_4/a，需乘以 0.454。

BOD_5 是 BOD 标准化测定方法。这种 BOD_5 测试是对废水“强度”的测定方法；废水 BOD_5 的值越高就越“强劲”。BOD_5-CH_4 转换（0.22 lb CH_4/lb BOD_5）摘自 Metcalf & Eddy[8] 和 Orlich[9]。家庭 BOD 负荷率［lb BOD_5/（人/d）］随人口群体不同而变化，通常为 0.10～0.17 lb，代表值为 0.13 lb BOD_5/（人/d）[10]。要获得某个特定社区家庭 BOD 负荷率的确切数值，可以与当地废水处理厂该社区的负责人联系。基于化学需氧量（Chemical Oxygen Demand，COD）的排放因子比基于 BOD 的排放因子精确，当然这只是个假设[11]，但目前美国 EPA 正在对这个假设进行相关的调查研究。

通过考虑哪些处理过程是厌氧的，以及废水在这些处理过程中所占的总水力停留时间的百分比，来计算厌氧处理的生活废水的比例。这部分废水是根据所使用的处理过程和特定工厂的运营条件确定的，也可以与当地废水处理厂的负责人联系来确定。如果无法从当地废水处理厂负责人处获取处理活动数据，也可以使用家庭废水厌氧处理的默认值 15%[12]。联合国政府间气候变化专门委员会（Intergovernmental Panel on Climate Change，IPCC）的《温室气体清单参考手册》也推荐使用默认值 15%[13]。

如果假定 BOD_5 的值为 0.13 lb BOD_5，就会采用 IPCC 的设定：15%的废水厌氧消化，气体未回收能量或燃烧，方程式就会简化为：

$$(P)\times\left(1.56\,\frac{\text{lb}\,CH_4}{\text{人}/\text{a}}\right)=\left(\text{lb}\,\frac{CH_4}{\text{a}}\right)$$

3.5.2 工业废水处理过程

工业废水系统使用的单元过程与 POTW 中使用的类似，这样处理系统就可以将废水直接排入水体，或者将预处理的废水排入通往 POTW 的下水道系统。为了估算典型工业废水处理厂排放的未控制 CH_4，可以使用以下方程式：

$$(Q_1)\times\left(\frac{\text{lb}\,BOD_5}{\text{ft}^3\ \text{废水}}\right)\times\left(\frac{0.22\,\text{lb}\,CH_4}{\text{lb}\,BOD_5}\right)\times\left(\frac{\text{厌氧消化}}{\text{分数}}\right)\times\left(365\frac{\text{d}}{\text{a}}\right)=\left(\frac{\text{lb}\,CH_4}{\text{a}}\right)$$

式中：Q_1——每日废水流量，ft^3/d。

各个工业废水处理设施的流量（Q_I）可以由工业废水处理厂负责人提供，也可以查阅设施的国家污染物排放消除系统（National Pollution Discharge Elimination System，NPDES）排放许可。

工业 BOD 负荷率（lb BOD_5/ft^3 废水）会随着废水污染源而变化。有些污染物的 BOD_5 很高，如食品和饮料生产厂家废水中的污染物。表 3-5 列出了主要工业污染源的典型工业 BOD 负荷率。要获得某个特定设施 BOD 负荷率的确切数值，可以与设施的废水处理厂负责人联系或查阅设施的 NPDES 排放许可。

表 3-5 各种工业废水生化需氧量（BOD）的估算

工业	BOD_5/（lb/ft^3）[a]	参考数量	范围
肥料	0.04	14	0.03～0.05[b]
食物和饮料			
啤酒	5.31	15	4.99～5.62[c]
甜菜糖	0.41	15，16	0.34～0.47[c]
黄油	0.19	17	
蔗糖	0.08	15	0.07～0.09[c]
谷类食物	0.06	18	
奶酪	1.9	17	
水果和蔬菜[d]	40.27	15	处理 35 种不同水果和蔬菜的 BOD 平均值。BOD 值为 4.370～1 747.979 lb/ft^3。假定生物降解很高，则 BOD_5 的值设定为 BOD 值的 75%
肉类	1.3	19	—
牛奶	7.6	15	6.24～8.93[c]
酒	8.43	15	7.49～9.36[c]
钢铁	0.04	14	0.03～0.05[b]
有色金属	0.04	14	0.03～0.05[b]
炼油（石化产品）	0.25	14	Carmichael 和 Strzepek 中记录的平均值（1987 年）
制药	0.08	14	
制浆造纸	0.17	14，20	0.14～0.19
橡胶	0.04	14	0.03～0.05[b]

工业	BOD_5/（lb/ft^3）[a]	参考数量	范围
纺织业	0.04	14	0.03～0.05[c]

[a] 要将 lb/ft^3 转换为 kg/m^3，需乘以 16.018 5。

[b] 文献中未提供 BOD_5 值。BOD_5 值的范围来自纺织行业的最终 BOD 值，应当是一个相对较小的类似值。BOD_5 是最终 BOD 的 55%～75%，取决于废水的生物降解能力。推算范围的中间值在第二列（即 BOD_5 列）中列出。

[c] 由于文献中未提供具体的 BOD_5 值，因此给出了 BOD_5 值的范围。BOD_5 值的范围来自文献的最终 BOD 值。BOD_5 是最终 BOD 的 55%～75%，取决于废水流的生物降解能力。如果废水流包含大量不易生物降解的物质，则应当使用较低数值的近似值；如果废水流包含大量易于生物降解的物质，则应当使用较高数值的近似值。如果物质的生物降解能力不详，也无法获取特定设施的 BOD_5 数据，则应当使用范围的中间值。范围的中间值在第二列（即 BOD_5 列）中列出。

[d] 如果需要 BOD_5 值更完整的清单，请参见参考文献 15。

厌氧处理的部分工业废水是根据特定工厂中使用的处理过程确定的。相比城市废水而言，工业废水成分的种类更多。由于存在差异，很难提供厌氧处理废水的默认部分来代表特定清单区域中的设施。但是可以通过与各个废水处理厂负责人联系来获得此信息。

3.5.3 控制

废水处理厂负责人（家庭和工业）还可以提供气体回收利用的相关信息。如果气体回收系统准备就绪，则应当根据负责人对气体收集系统效率和收集气体破坏程度的估算来调整未控制 CH_4 排放量的估算。有关控制效率的详细信息，请参见其他章节。

3.6 参考文献

1. *Hazardous Waste Treatment，Storage，And Disposal Facilities（TSDF）— Air Emission Models*，EPA-450/3-87-026，U.S. Environmental Protection Agency，Research Triangle Park，NC，April 1989.

2. *Waste Water Treatment Compound Property Processor Air Emissions Estimator（WATER 7）*，U.S. Environmental Protection Agency，Research Triangle Park，NC，available early 1992.

3. *Evaluation Of Test Method For Measuring Biodegradation Rates Of Volatile Organics*，Draft，EPA Contract No. 68-D90055，Entropy Environmental，Research Triangle Park，NC，September 1989.

4. *Industrial Waste Water Volatile Organic Compound Emissions — Background Information For*

BACT/LAER Determinations，EPA-450/3-90-004，U.S. Environmental Protection Agency，Research Triangle Park，NC，January 1990.

5. Evan K. Nyer，*Ground Water Treatment Technology*，Van Nostrand Reinhold Company，New York，1985.

6. J. Mangino and L. Sutton. Evaluation of Greenhouse Gas Emissions From Wastewater Treatment Systems. Contract No. 68-D1-0117，Work Assignment 22，U.S. Environmental Protection Agency，Office of Research and Development，Air and Energy Engineering Research Laboratory，Research Triangle Park，NC. April 1992.

7. L. C. Huff. Wastewater Methane Emission Estimates—Report to Congress. Contract No. 68-D1-0 117. U.S. Environmental Protection Agency，Office of Research and Development，Air and Energy Engineering Research Laboratory，Research Triangle Park，NC. July 1992.

8. Metcalf & Eddy，Inc.，*Waste Water Engineering：Treatment，Disposal，And Reuse*，McGraw-HillBook Company，p. 621，1979.

9. Dr. J. Orlich，"Methane Emissions From Landfill Sites And Waste Water Lagoons"，Presented in *Methane Emissions And Opportunities For Control*，1990.

10. Viessman，Jr. and M.J. Hammer. 1985. *Water Supply And Pollution Control.* Harper & Row Publishers，New York，NY.

11. U.S. Environmental Protection Agency. *International Anthropogenic Methane Emissions Report to Congress.* Office of Policy Planning and Evaluation，EPA 230-R-93-010. 1994.

12. M.J. Lexmond and G. Zeeman. *Potential Of Uncontrolled Anaerobic Wastewater Treatment In Order To Reduce Global Emissions Of The Greenhouse Gases Methane And Carbon Dioxide.* Department of Environmental Technology，Agricultural University of Wageningen，the Netherlands. Report Number 95-1. 1995.

13. Intergovernmental Panel on Climate Control，*Greenhouse Gas Inventory Reference Manual*，Vol. 3，IPCC/OECD，p. 6.28，1994.

14. J. B. Carmichael and K.M. Strzepek，*Industrial Water Use And Treatment Practices*，United Nations Industrial Development Organization，Cassell Tycooly，Philadelphia，PA，pp. 33，36，49，67 and 85，1987.

15. D. Barnes，*et al.*，"Surveys In Industrial Waste Water Treatment"，Vol. 1，*Food And Allied*

Industries，Pitman Publishing Inc.，Marshfield，Massachusetts，pp. 12，73，213 and 316，1984.

16. *Development Document For Effluent Limitations Guidelines And New Source Performance Standards For The Beet Sugar Processing Subcategory Of The Sugar Processing Point Source Category*，EPA 40/1-74/002b，U.S. Environmental Protection Agency，Effluent Guidelines Division，Office Of Waste And Hazardous Materials，Washington，DC，January 1974.

17. *Development Document For Effluent Limitations Guidelines And New Source Performance Standards For The Dairy Product Processing Point Source Category*，EPA 440/1-74/021a，U.S. Environmental Protection Agency，Effluent Guidelines Division，Office Of Waste And Hazardous Materials，Washington，DC，p. 59，May 1974.

18. *Development Document For Effluent Limitations Guidelines And New Source Performance Standards For The Animal Feed，Breakfast Cereal，And Wheat Starch Segments Of The Grain Mills Points Source Category*，EPA 440/1-74/039a，U.S. Environmental Protection Agency，Effluent Guidelines Division，Office Of Waste And Hazardous Materials，Washington，DC，pp. 39-40，December 1974.

19. *Development Document For Effluent Limitations Guidelines And New Source Performance Standards For The Rendering Segment Of The Meat Products And Rendering Processing Point Source Category*，EPA 400/1-4/031d，U.S. Environmental Protection Agency，Effluent Guidelines Division，Office of Waste And Hazardous Materials，Washington，DC，pp. 58，60，January 1975.

20. E. R. Hall（editor），“Anaerobic Treatment For Pulp And Paper Waste Waters”，*Anaerobic Treatment Of Industrial Waste Water*，Noyes Data Corporation，Park Ridge，New Jersey pp. 15-22，1988.

4 聚酯树脂塑料产品制作工艺

4.1 概述[1-2]

越来越多的产品使用液态聚酯树脂来制作，以玻璃纤维强化且以各种无机填充材料（如碳酸钙、滑石、云母或小玻璃球）进行延展。这些复合材料通常称为纤维玻璃强化塑料（Fiberglass-Reinforced Plastic，FRP），或简称为“纤维玻璃”。塑料工业协会将这些材料指定为“强化塑料/复合材料”（Reinforced Plastics/Composites，RP/C）。而且，现在高级强化塑料产品也是由玻璃以外的其他纤维组成的，如碳、芳香族聚酰胺，以及芳香族聚酰胺/碳混合物。在某些工艺过程中，树脂产品不是用纤维制成的。一个结合使用树脂与填充物（但不含任何强化纤维）的主要产品是制造浴室台面、水槽和相关物品时使用的实心板材。非强化树脂塑料的其他应用包括汽车车身填充物、保龄球和涂布。

纤维强化塑料产品在工业、运输业、家庭和娱乐行业等领域有着广泛的应用。工业用途包括贮存罐、天窗、电子设备、管道系统、管道，机器组件，以及防腐性结构和工艺设备。在运输业中，汽车和飞机的应用迅速增加。家庭和娱乐物品包括浴盆和淋浴器、游船（建造和修理）、冲浪板和滑雪板、头盔、游泳池和热水浴池，以及各种运动物品。

这里提到的热固性聚酯树脂是复杂聚合物，是通过液态不饱和聚酯树脂与乙烯基类单体（通常为苯乙烯）的交联反应产生的。不饱和聚酯树脂是通过不饱和二元羧酸或酸酐、饱和二元羧酸或酸酐以及多官能醇的缩合反应而形成的。表 4-1 列出了用于聚酯树脂“骨干”的每个组成部分的最常见的化合物，以及主要是交联单体。图 4-1 显示了形成不饱和聚酯树脂和交联聚酯树脂的化学反应。此处显示的排放因子适用于那些使用精加工的液态树脂（制作者从化学制造商那里收到的）的制作工艺，而不适用于生产这些树脂的化学工艺。

表 4-1　树脂的典型组成部分

形成不饱和聚酯树脂		
不饱和酸	饱和酸	多官能醇
顺丁烯二酸酐 夫马酸	邻苯二甲酸酐 异酞酸 己二酸	丙二醇 乙二醇 二乙二醇 二丙二醇 新戊二醇 季戊四醇
交联剂（单体）		
	苯乙烯 甲基丙烯酸甲酯 乙烯基甲苯 醋酸乙烯酯 邻苯二甲酸二丙烯酯 丙烯酰胺 二醋酸乙基己基酯	

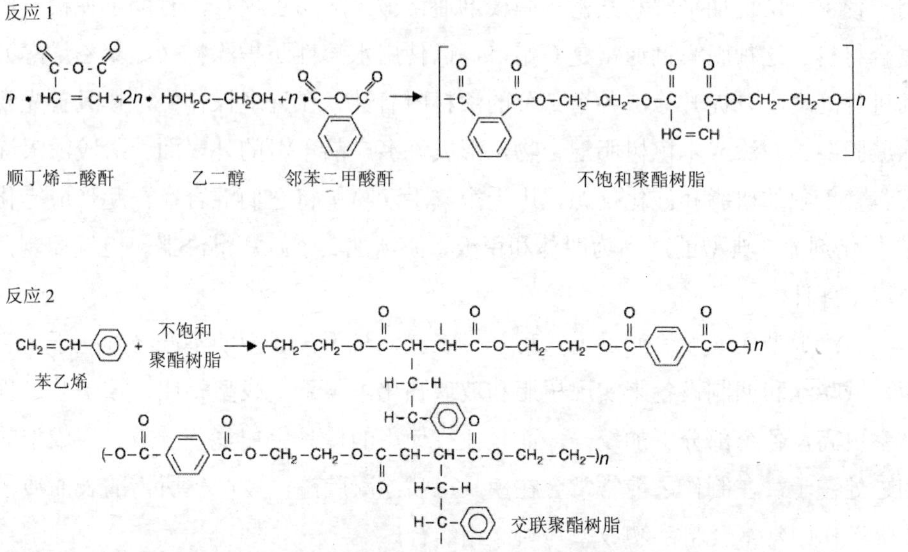

反应 1

$n\cdot HC=CH(CO{-}O{-}CO) + 2n\cdot HOH_2C{-}CH_2OH + n\cdot C_6H_4(CO{-}O{-}CO) \longrightarrow [{-}CO{-}C_6H_4{-}CO{-}O{-}CH_2{-}CH_2{-}O{-}CO{-}CH{=}CH{-}CO{-}O{-}CH_2{-}CH_2{-}O{-}]_n$

顺丁烯二酸酐　　乙二醇　　邻苯二甲酸酐　　不饱和聚酯树脂

反应 2

$CH_2=CH{-}C_6H_5$ + 不饱和聚酯树脂 $\longrightarrow$ 交联聚酯树脂

苯乙烯

$({-}CH_2{-}CH_2{-}O{-}CO{-}CH{-}CH{-}CO{-}O{-}CH_2{-}CH_2{-}O{-}CO{-}C_6H_4{-}CO{-}O{-})_n$（经 $H{-}C{-}H$、$H{-}C{-}C_6H_5$ 交联）

$({-}O{-}CO{-}C_6H_4{-}CO{-}O{-}CH_2{-}CH_2{-}O{-}CO{-}CH{-}CH{-}CO{-}O{-}CH_2{-}CH_2{-})_n$

交联聚酯树脂

图 4-1　不饱和聚酯树脂的典型反应和聚酯树脂的形成

为了在产品制作中得以使用，必须将液态树脂与催化剂进行混合，从而启动聚合作用生成固态热固性塑料。催化剂的浓度通常是树脂最初重量的 1%～2%；在某些限制内，催化剂的浓度越高，交联反应进行的速度越快。常见的催化剂为有机过氧化物，通常为甲基过氧化物或苯甲酰基过氧化物。树脂可以包含抑制剂和促进剂，前者的作用是避免在树脂存储期间发生自身硫化作用，后者的作用是允许在较低温度下发生聚合反应。

聚酯树脂/纤维玻璃行业包含许多小工厂（如游船修理厂和小型承包公司）和相对较少的大型工厂（消耗树脂总量的绝大部分）。这些工艺操作中使用的树脂量从每年不到 5 000 kg 到每年超过 3 000 000 kg 不等。

强化塑料产品是使用几个工艺过程中的任意一个制作的，具体取决于其大小、形状和其他所需的物理性质。主要的工艺过程包括手糊成型、喷涂成型（喷涂）、连续层压、拉挤成型、细丝缠绕成型，以及各种封闭式塑膜成型操作。

手塑成型（使用结合了开模工艺的主要手工技术）是制作工艺过程中最简单的一个。在这里，是采用手动方式对用催化树脂混合物浸湿的模具进行强化作用，之后与更多树脂进行饱和反应。强化采用切短原丝薄毡、纺织品，或二者结合的形式。增加强化层和树脂层是为了形成所需的层压薄板厚度。刮板、刷子和滚子用于使每一层更加平整和紧密。脱模剂通常最先应用于模具，有助于使模具脱离复合材料。这种脱模剂通常是石蜡，可以使用水溶性防护涂料（如聚乙烯醇）对其进行处理，以提升涂漆各个部分的漆料附着性。在许多操作中，模具首先要喷涂凝胶漆、清漆或本色树脂混合物，形成许多产品平滑的外表面。凝胶漆喷涂系统包含单独的树脂和催化剂源，用无空气手动喷枪将它们混合在一起形成雾化树脂/催化剂流。典型的产品为船体和甲板、游泳池、浴缸和淋浴器、电气控制台以及汽车部件。

喷涂成型（或喷涂）是另一种开模工艺，与手糊成型的不同之处在于，它使用机械喷涂和调制设备来实现树脂和玻璃强化。与手塑成型相比，该工艺过程生产率更高，各个部分更加统一，而且往往使用的模具更加复杂。与手塑成型的相同之处在于，在制作之前常常会在模具上喷涂凝胶漆，以产生所需的表面质量。实际操作中常常会将手塑成型与喷涂相结合。

对于强化层，会将一个设备连接到喷头系统，以将玻璃纤维“粗纱”（未切断的纤维）切割成预先确定的长度并对其进行投射以便与树脂混合流合并。混合流预涂切片，二者同时沉积在模具表面（或模具上涂抹的凝胶漆上）形成所需的图层厚度。必要时，在模具上构建并铺平图层，以使部件成形。通过喷涂成型方式制造的产品与通过手塑成型方式制造的产品类似，不过，使用喷涂成型技术的生产效率更高，且生产出来的部件更统一且更复杂。但是，与手塑成型相比，喷涂成型通常需要使用更多的树脂来生产类似的部件，因为喷涂过程中不可避免地会过喷树脂。

强化塑料材料的连续层压涉及将各种强化材料与树脂灌注在一起，通过一条内嵌的传送带实现层压。形成的层压薄板在通过各种传送带区域时进行硫化和修剪。在该过程中，树脂混合物被并入底层载体膜上，使用刀片来控制厚度。此膜(用于定义面板的表面)通常是聚酯树脂、玻璃纸胶膜或尼龙，而且其表面很平滑，带有压纹或呈亚光形式。甲基丙烯酸甲酯有时用作交联剂，可单独使用，也可与苯乙烯相结合，以提高强度和耐候性。切开的玻璃纤维会自由下落到树脂混合物中，而且可与树脂进行“饱和”作用，即“润湿”。接着在嵌板顶部涂抹第二层载体膜，然后成型并硫化。然后将硫化的嵌板从膜中脱离，修剪并切割成所需长度。主要产品包括半透明的工业天窗和温室嵌板、粮食种植区的墙面和天花板衬里、俯冲减速板和冷却塔百叶窗板。图 4-2 显示了连续层压生产线的基本要素。

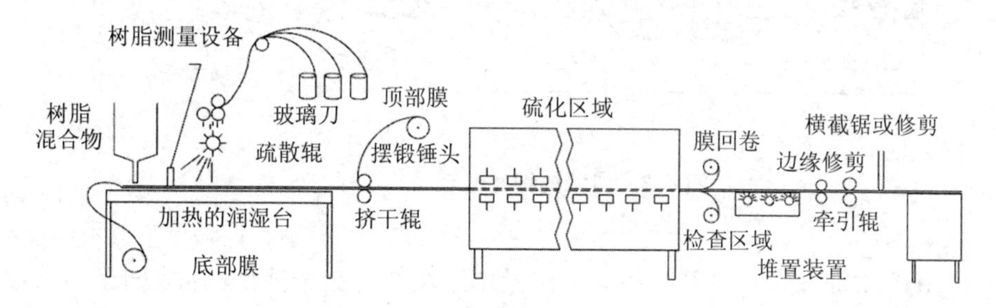

图 4-2 典型的连续层压生产流程[2]

拉挤成型（顾名思义，就是通过拉动来挤压成型）用于产生与通过挤压金属（如铝）所产生效果类似的连续横截面线性效果。强化纤维被一种拉力拉动，通过液态树脂混合物缸，进入长长的加工钢模，在那里进行放热反应，聚合形成热固性树脂基体。从钢模形成复合断面，作为一个发热的固定截面，然后充分冷却才能进入压紧和拉伸环节。随后即可将产品切割为所需长度。示例产品包括电绝缘材料、梯子、道路栅栏、支撑结构，以及杆子和天线。

细丝缠绕成型就是将浸渍的树脂纤维带放在旋转的轴胎表面摆放成一个精确的几何图案，然后进行硫化，形成产品。这是一种生产圆柱形部件的有效方法，而且能具备适合特定设计和应用的最佳强度特性。玻璃纤维常常用于生产灯丝，不过也可以使用芳香族聚酰胺、石墨，有时可以使用硼和各种金属线。制作期间可以将细丝弄湿，或者可以使用先前浸湿的细丝（“预浸”）。图 4-3 显示了细丝缠绕成型的流程，并指明了 3 个最常见的缠绕图案。该流程图显示了圆周缠绕，而 2 个较小的图片显示了螺旋和极向缠绕。为了实现所需的强度和形状特性，可以单独使用各种缠绕图案，也可以组合使用各种缠绕图案。轴胎由各种材料制成，在某些应用领域中，会保留在成品中作为内衬或核。示例产品包括储存箱、弹体、风轮机和直升机旋翼桨叶，以及管路和管道。

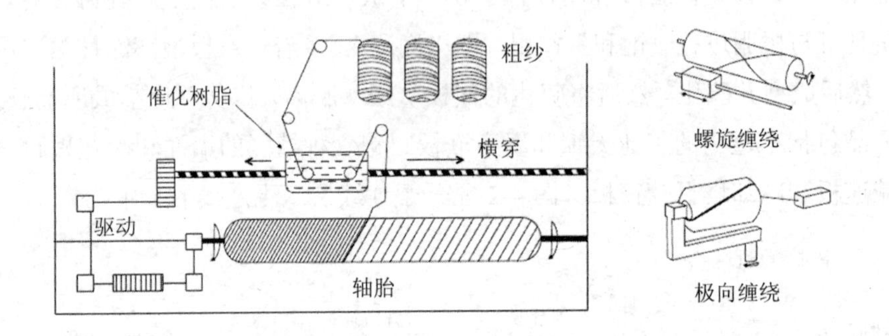

图 4-3　典型的细丝缠绕工艺过程[3]

封闭式（如压缩或注入）塑模工艺操作涉及使用 2 个匹配的冲模来定义部件的整个外表面。封闭并用树脂混合物填充时，匹配的冲模便可通过热量和压力来将塑料硫化。为了实现最耐久的生产配置，可以使用硬化的金属冲模（匹配的金属塑模）。另一个封闭式塑模过程是真空或压力袋塑模。在袋塑模技术中，进行手塑成型或喷涂成型时覆以塑料膜，并应用真空或压力来严格定义部件并提升表面质量。封闭式塑模部件的范围包括工具和器具外壳、厨具、支架和其他小部件，以及汽车车身和电气元件。

人造大理石铸造在树脂产品行业中占据很大一部分，涉及使用具有天然大理石外观的填充树脂生产浴缸、洗手间台面、浴盆和其他配件。不会在这些产品中使用强化纤维。本色或透明凝胶漆可以在模具本身上涂抹，也可以在铸造之后在产品上喷涂，目的都是模仿天然抛光大理石的外观效果。大理石铸造可以是一个开模加工过程，也可以被视为半封闭式加工过程，但后者有个前提条件——铸件是从封闭式模具中取出的，才能进行后续凝胶漆喷涂。

4.2 排放量及其控制

包含 VOC 的有机蒸气会在制作过程中从新的树脂表面排放，也会在使用溶剂（通常为丙酮）清洗手、工具、模具和喷涂设备时排放。清洁溶剂排放量占工厂 VOC 排放总量的 36%以上。[4]还有一些特殊的排放物是从自动纤维切割设备中排放的，但是这些排放物尚未量化。

在聚酯树脂/纤维玻璃制作过程中，应用树脂和硫化期间液态树脂中含有的交联剂（单体）在蒸发到空气中时会排放有机蒸气。苯乙烯、甲基丙烯酸甲酯和乙烯基甲苯是 3 种用作交联剂的主要单体。到目前为止，苯乙烯是最常用的。树脂的其他化学组分的排放量仅处于痕量级，因为它们不仅蒸气压力很低，而且基本上都能转化为聚合体。[5-6]

由于从未硫化的树脂蒸发单体时会产生排放量，因此排放量取决于树脂表面暴露在空气中的数量和暴露时间。潜在的排放量因树脂的混合、应用、处理和硫化方式而有所不同。在不同的制作过程中，这些因素也有所不同。例如，喷涂成型过程产生的潜在 VOC 排放量最高，因为树脂在雾化成喷雾时会形成极大的表面区域，从那里会蒸发出挥发性单体。相比较而言，人造大理石铸造和封闭式塑模操作中产生的潜在排放量相对较低，因为铸造树脂中的单体含量较低（30%～38%，相对于大约 43%的界限值）且这些塑模操作具有封闭式特性。我们发现，随着胶凝时间、缠绕速度和周围温度的增加，苯乙烯蒸发量也有所增加，而且这也会增加手塑成型或喷涂成型过程中手动滚轮的时间，进而导致大量苯乙烯损失。[1] 因此，应改进生产，减少新树脂表面暴露在空气中的面积，进而有效减少这些蒸发损失。

除改进生产外，还可以改变树脂配方，从而对潜在的 VOC 排放量产生一定影响。通常，单体含量较低的树脂产生的排放量也较低。使用苯乙烯排放量较低的层压树脂（苯乙烯含量为 36%）进行的评估测试表明，与传统树脂（苯乙烯含量为 43%）相比，可将排放等级降低 60%～70%，而且还不会牺牲层压板的物理属性。[7] 为了减少 VOC 排放量，有时也会在树脂中加入蒸气抑制剂。大多数蒸气抑制剂为石蜡、硬脂酸盐或专有成本的聚合体，占混合物的一定权重百分比。有限的实验室和现场数据表明，蒸气抑制树脂会将苯乙烯的损失减少 30%～70%。[7-8]

目前已从工厂源测试（B 级）和实验室测试（C 级）以及通过技术转让评估（D 级）结果得出了使用含有苯乙烯的树脂进行的多个制作过程对应的排放因子。[1] 行业专家也提供了为达到表 4-2 中显示的最终因子而使用的其他信息。[6] 由于苯乙烯含量在 30%～50%的范围变化，因此这些因子基于加工过程中使用的苯乙烯单体的数量，而不是使用的树脂总量。蒸气抑制树脂的因子通常为常规树脂因子的 30%～70%。这些因子被表示为范围，因为来源和实验室测试结果与加工过程参数对应的排放物表观敏感度之间有着明显变化。

表 4-2 未控制的聚酯树脂产品制作过程对应的排放因子 [a]

（排放的最初单体的重量百分比）

过程	排放因子	排放因子等级
手塑成型 [h] 树脂 30800726—手动涂抹树脂：桶和刷子 31401516—开放式触压塑模：树脂/层压板应用、手塑成型、刷涂凝胶漆 30800721—凝胶漆：手动涂抹 31401511—手动涂抹凝胶漆	参见参考文献注释“h”	参见参考文献注释“h”
喷涂成型 [h] 树脂 非蒸气抑制树脂 30800723—用机器喷涂树脂：非雾化喷涂（包括压力辊） 30800730—用机器喷涂树脂（非蒸气抑制） 30800732—用机器喷涂树脂（真空袋） 31401517—开放式触压塑模：树脂喷涂成型 蒸气抑制树脂 30800731—用机器喷涂树脂（蒸气抑制）	参见参考文献注释“h”	参见参考文献注释“h”

过程	排放因子	排放因子等级
喷涂成型		
凝胶漆		
30800722—凝胶漆：化喷涂 30800718—凝胶漆：非雾化喷涂 30800719—凝胶漆：机器人喷涂 31401512—开放式触压塑模：喷涂凝胶漆	参见参考文献注释“h”	参见参考文献注释“h”
连续层压[c]		
树脂		
30800754—连续层压	4～7	B
拉挤成型[c,d]		
树脂		
30800772—拉挤成型	4～7	D
细丝缠绕成型[c,e]		
树脂		
30800742—采用细丝		
非蒸气抑制树脂	5～10	D
蒸气抑制树脂[b]	2～7	
大理石铸造[f]		
树脂		
30800766—聚合体铸造（人造石或大理石铸造）	1～3	B
封闭式塑模[c,g]		
树脂		
30800736—树脂封闭式塑模 31401525—封闭式塑模	1～3	D

[a] 参考文献 9。范围表示加工过程的可变性和排放量对加工过程参数的敏感度。选择单个值因子时应慎重考虑。有关开放式塑模和其他加工过程所产生排放量的更多信息，请登录美国复合材料制造商协会的网站 http：//www.acmanet.org/。

[b] 非蒸气抑制树脂的加工过程对应的排放因子为 30%～70%。

[c] 凝胶漆通常不会在此加工过程中使用。

[d] 假定应用连续层压过程的树脂因子。

[e] 假定应用手塑成型过程的树脂因子。

[f] 如果给模具或铸件喷涂凝胶漆，则假定应用手塑成型和喷涂成型凝胶漆因子。

[g] 假定应用大理石铸造、半封闭式加工过程的树脂因子。

[h] 用户发现使用参考文献 9 中的开放式塑模加工过程对应的排放因子通常会低估排放量。如果用户想要通过另一种方式取代参考文献 9 的方式来计算开放式塑模排放量，则可以选择使用 ANSI/ACMA/ICPAUEF-1-2004“计算开放式塑模复合材料加工过程的排放因子”（UEF）文档中包含的排放因子。选择使用该文档的用户应采用当前的最新版本。UEF 因子等式以及有关开发和验证 UEF 的所有可用支持文档均可从网站 http：//www.acmanet.org/ga/reg-emissions.cfm 获得。官方的 ANSI 标准也可从网站 http：//webstore.ansi.org/RecordDetail.aspx？sku=ANSI/ACMA/ICPA%20UEF-1-2004 获得。更新于 2008 年 5 月 1 日。

应使用实际树脂和凝胶漆单体含量来计算排放量。单体含量应该可以从物料数据安全表中获得。应注意，这些排放量仅代表从树脂或凝胶漆蒸发单体时产生的数量，而不代表用于清洁的丙酮或其他溶剂产生的排放量。

除过程改进和材料置换外，还可以使用附加控制设备来减少苯乙烯树脂的蒸气排放量。然而，由于废气中的 VOC 浓度较低且吸附材料可能会对环境造成污染，因此控制设备在 RP/C 制作工厂中并不常用。大多数工厂使用强制通风技术来减少工作人员暴露在苯乙烯蒸气中的概率，将蒸气直接排到大气中，而不进行收集。在一个采用焚化技术将蒸气从浸渍台中排出的连续层压工厂，测得控制效率为 98.6%。[1] 碳吸附、吸收和冷凝技术也被考虑用于回收苯乙烯和其他有机蒸气，但是这些技术尚未在该行业得到广泛应用。

清洁溶剂产生的排放量可以通过完善的家务清理和使用实践、回收已用溶剂以及用水溶性溶剂取代来控制。

4.3 参考文献

1. M. B. Rogozen，*Control Techniques For Organic Gas Emissions From Fiberglass Impregnation And Fabrication Processes*，ARB/R-82/165，California Air Resources Board，Sacramento，CA，（NTIS PB82-251109），June 1982.

2. *Modern Plastics Encyclopedia，1986-1987，63*（10A），October 1986.

3. C. A. Brighton，*et al.*，*Styrene Polymers：Technology And Environmental Aspects*，Applied Science Publishers，Ltd.，London，1979.

4. M. Elsherif，*Staff Report*，*Proposed Rule 1162* C *Polyester Resin Operations*，South Coast Air Quality Management District，Rule Development Division，El Monte，CA，January 23，1987.

5. M. S. Crandall，*Extent Of Exposure To Styrene In The Reinforced Plastic Boat Making Industry*，Publication No. 82-110，National Institute For Occupational Safety And Health，Cincinnati，OH，March 1982.

6. Written communication from R. C. Lepple，Aristech Chemical Corporation，Polyester Unit，Linden，NJ，to A. A. MacQueen，U.S. Environmental Protection Agency，Research Triangle Park，NC，September 16，1987.

7. L. Walewski and S. Stockton，“Low-Styrene-Emission Laminating Resins Prove It In The Workplace”，*Modern Plastics，62*（8）：78-80，August 1985.

8. M. J. Duffy，“Styrene Emissions C How Effective Are Suppressed Polyester Resins？”，Ashland Chemical Company，Dublin，OH，presented at 34th Annual Technical Conference，Reinforced Plastics/Composites Institute，The Society Of The Plastics Industry，1979.

9. G. A. LaFlam，*Emission Factor Documentation For AP-42 Section 4.12：Polyester Resin Plastics Product Fabrication*，Pacific Environmental Services，Inc.，Durham，NC，November 1987.

5 沥青铺路操作工艺

5.1 概述[1-3]

沥青表面和路面是由聚合性材料和沥青黏合料组成的。聚合性材料是在采石场生产的人造石，或者可以从天然粗砂或沉积的土壤中获取。金属矿精炼过程可生产出人工砂石料作为副产品。沥青中的聚合性材料具备 3 种功能：可将负载从表面传输到底层、承载交通磨损和使表面不滑。沥青黏合料将聚合性材料黏合在一起，防止聚合材料移位和损失，并对路基起到防水保护作用。

沥青黏合料是将沥青水泥（原油蒸馏后产生的残留物）和液化的沥青加工后制成的。要用半固态的沥青水泥铺路，必须先将其加热后再与聚合性材料混合。产生的热混合沥青混凝土通常铺设厚度为 5～15 cm。液化的沥青为：（1）溶于石油馏出物中的沥青（将沥青水泥用石油、煤油等挥发性石油馏分稀释）；（2）乳化沥青（通过将沥青和水与肥皂等乳化剂结合在一起产生的不可燃液体）。液化的沥青具备黏性和密封性，用于热混合后浇筑路基，使路面铺设厚度达到几英寸。

稀释沥青可分为 3 大类：快速硫化（Rapid Cure，RC）、中速硫化（Medium Cure，MC）以及慢速硫化（Slow Cure，SC）路油。可将沥青水泥分别与重质残油、煤油型溶剂或石油和汽油溶剂混合在一起来稀释 SC、MC 和 RC 路油。根据所需的黏性，加入的溶剂比例一般在 25%～45%。乳化沥青基本分为两类：一类依靠水蒸发来进行硫化，另一类（酸性乳剂）依靠乳剂与聚合性表面的离子键合进行硫化。在几乎任何路面铺设中，乳化沥青均可代替稀释沥青。由于与使用稀释的沥青相关的能源和环境问题都能得到控制，因此乳化沥青越来越受欢迎。

5.2 排放物[1-2]

沥青和沥青路面铺设中产生的主要污染物为VOC。在3种类型的沥青中，VOC的主要来源是稀释环节。只有较少的一部分 VOC 是从乳化沥青和沥青水泥中排放的。

稀释沥青排放的 VOC 是由用于液化沥青水泥的石油馏分油溶剂或稀释剂蒸发产生的。排放发生在工作现场和混合工厂。在工作现场，VOC 是从用于应用沥青产品的设备中和路面上排放的。在混合工厂，VOC 是在混合和积存期间排放的。然而，最大的排放源是路面本身。

对于任何给定数量的稀释沥青，排放总量应该是一样的，无论积存、混合和应用时间如何。影响所排放的 VOC 数量和排放时间的 2 个主要变量是用作稀释剂的石油馏分的类型和数量。大体上，稀释沥青的长期排放量可按如下方式计算：假定 RC 稀释沥青会蒸发 95%的稀释剂、MC 稀释沥青会蒸发 70%、SC 稀释沥青会蒸发约 25%（按重量百分比计）。一些稀释剂在应用后会永久保留在路面中。有限的测试数据表明，在RC沥青中，应用后的第一天会损失掉稀释剂总量中的75%，第一个月内会损失 90%。3～4 个月内会损失 95%。MC 沥青的蒸发速度较慢，第一天会排放约 20%的稀释剂，第一周会排放 50%，3～4 个月后会排放 70%。对于 SC 沥青，没有提供任何测量数据，不过排放的数量明显要比 RC 或 MC 沥青少很多，且排放的时间也更长（图 5-1）。

下面给出了一个确定稀释沥青的 VOC 排放量的计算示例。

示例：本地记录表明当年指定区域应用了 10 000 kg RC 稀释沥青（包含 45%的稀释剂，按体积计）。计算此应用示例中当年排放的 VOC 数量。

要确定 VOC 排放量，必须先明确稀释沥青中存在的稀释剂数量。由于石油的密度（0.7 kg/L）不同于沥青水泥的密度（1.1 kg/L），因此应对以下公式求解，确定稀释沥青中的稀释剂的体积（x）和沥青水泥的体积（y）：

$$10\,000\ \text{kg 稀释沥青} = (x\ \text{L，稀释剂})\cdot\left(\frac{0.7\ \text{kg}}{\text{L}}\right) - (y\ \text{L，沥青水泥})\cdot\left(\frac{1.1\ \text{kg}}{\text{L}}\right)$$

和

x L，稀释剂= 0.45（x L，稀释剂 + y L，沥青水泥）

根据上述公式得出，稀释沥青中存在的稀释剂体积约为 4 900 L，或者重量约为 3 400 kg。假定其中 95%是蒸发的 VOC，那么排放量为：3 400 kg × 0.95 = 3 200 kg（即稀释沥青的 32%最终会蒸发，按重量计）。

这些公式可用于计算中速硫化和慢速硫化沥青的排放量（假定典型的稀释剂浓度分别为 0.8 kg/L 和 0.9 kg/L）。当然，如果实际浓度值可从当地记录中获知，则应在上面的公式中使用这些实际值，而不是典型值。另外，如果使用不同的稀释剂含量，还应在上面的计算中将其反映出来。如果稀释剂的实际含量未知，出于库存目的，可以假设 35%的典型值。

代替上面示例中的公式求解，可以使用表 5-1 来计算稀释沥青的长期排放量。表 5-1 按照加入稀释沥青中稀释剂的体积或稀释沥青中使用的稀释剂和沥青水泥浓度的函数形式直接给出了长期排放量。如果要计算短期排放量，则应将图 5-1 与表 5-1 相结合使用。

没有使用任何控制设备来减少稀释沥青产生的蒸发性排放量。为了消除 VOC 排放量，通常会使用乳化沥青来取代稀释沥青。

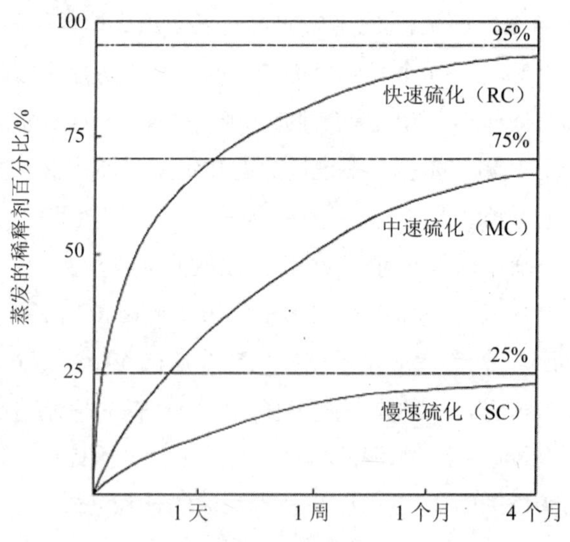

图 5-1　一段时间内稀释沥青中蒸发的稀释剂百分比

表 5-1 按照稀释剂含量和稀释沥青类型计算稀释沥青中产生的蒸发性 VOC 排放量[a]

排放因子等级：C　　　　单位：%（按重量计）

稀释沥青的类型[b]	稀释沥青中的稀释剂体积百分比[c]		
	25%	35%	45%
快速硫化	17	24	32
中速硫化	14	20	26
慢速硫化	5	8	10

[a] 这些数字表示蒸发的稀释沥青的重量百分比。因子基于参考文献 1-2。

[b] 假定 RC、MC 和 SC 稀释沥青中使用的稀释剂的典型浓度分别为 0.7 kg/L、0.8 kg/L 和 0.9 kg/L。

[c] 稀释剂含量通常在 25%～45%（按体积计）。可以按照线性方式针对介于这些值之间的任何给定类型的稀释沥青推断出相应的排放量。

5.3 参考文献

1. R. Keller and R. Bohn，*Nonmethane Volatile Organic Emissions From Asphalt Cement And Liquified Asphalts*，EPA-450/3-78-124，U.S. Environmental Protection Agency，Research Triangle Park，NC，December 1978.

2. F. Kirwan and C. Maday，*Air Quality And Energy Conservation Benefits From Using Emulsions To Replace Asphalt Cutbacks In Certain Paving Operations*，EPA-450/2-78-004，U.S. Environmental Protection Agency，Research Triangle Park，NC，January 1978.

6　溶剂脱脂工艺

6.1　概述[1, 2]

溶剂脱脂（或溶剂清洗）是使用有机溶剂去除各种金属、玻璃或塑料制品上的油脂、油污、油蜡或污垢的物理过程。这种方法所使用的设备类型分为冷清洗器、开顶式蒸气脱脂装置及连续脱脂装置。使用的非水溶剂包括石油馏分、氯化烃、酮和醇等。溶剂选择基于要去除的物质的溶解性，以及溶剂的毒性、易燃性、燃烧点、蒸发速率、沸点、成本及多个其他属性。

金属加工行业要大量使用溶剂脱脂技术，如汽车、电子、管道、飞机、制冷以及商用机器行业。溶剂清洗也应用于印刷、化学制品、塑料、橡胶、纺织品、玻璃、纸张和电力等行业中。大多数交通工具和电动工具维修站至少有部分时间使用溶剂清洗技术。许多行业使用含碱的水性清洗系统进行脱脂，由于这些系统不会向大气中排放任何溶剂蒸气，因此这些内容就不在这里讨论了。

6.1.1　冷清洗器

冷清洗器的 2 个基本类型为维护和制造。冷清洗器是批量装载的非沸腾溶剂脱脂装置，通常提供最简单且最经济的金属清洗方法。维护冷清洗器比较小，但数量较多，且一般使用石油溶剂作为矿物油精（石油馏出物和斯托达德溶剂）。制造冷清洗器使用各种溶剂来执行更专业且质量更高的清洗操作，其平均排放率约为维护冷清洗器的 2 倍。一些冷清洗器可同时服务于维护和制造两个领域。

冷清洗器操作包括喷涂、刷涂、冲洗和浸没。在典型的维护清洗器（见图 6-1）

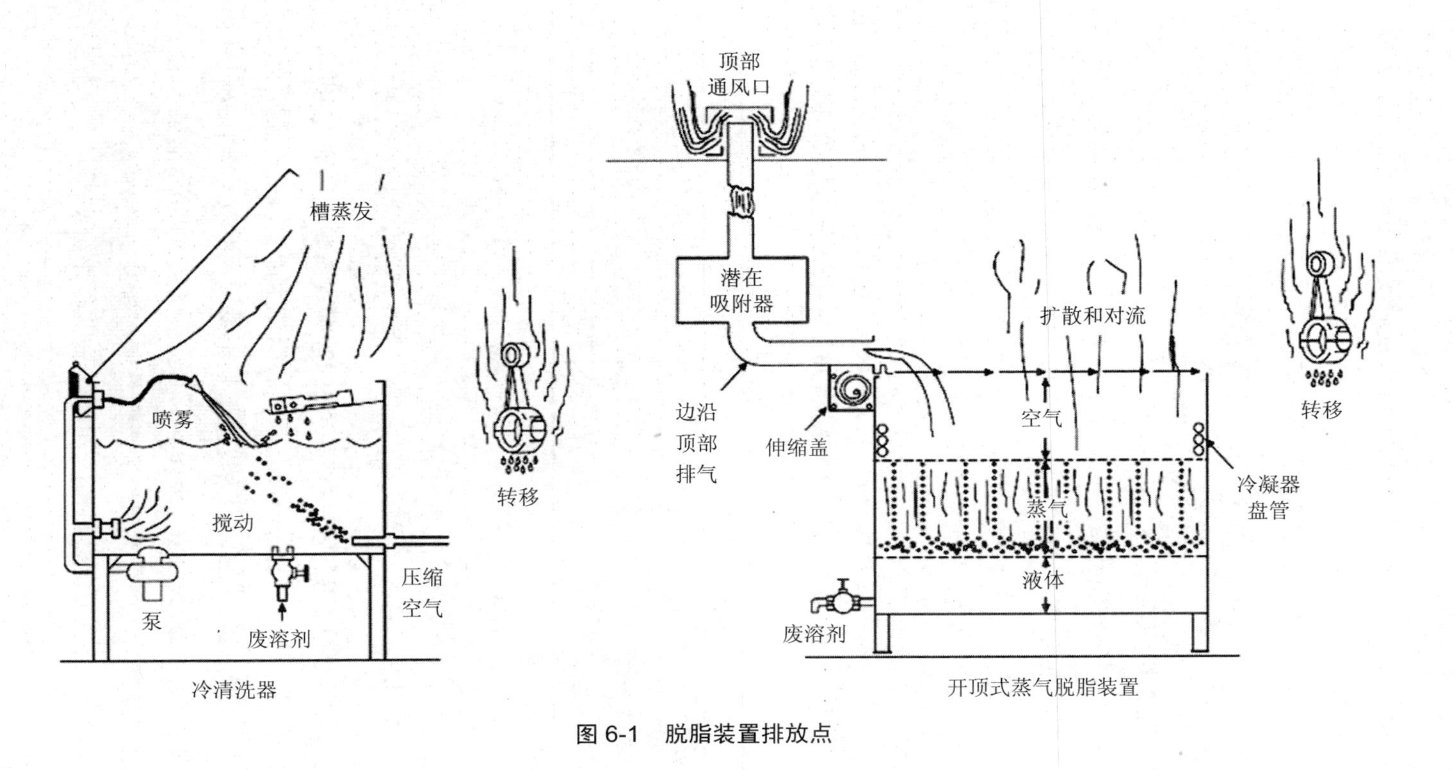
槽蒸发
喷雾
搅动
泵
废溶剂
压缩
空气
冷清洗器
转移
顶部
通风口
潜在
吸附器
边沿
顶部
排气
伸缩盖
扩散和对流
空气
蒸气
液体
废溶剂
冷凝器
盘管
转移
开顶式蒸气脱脂装置

图 6-1 脱脂装置排放点

中，污染的部件用喷涂方式手动清洗，然后浸泡在槽中。清洗之后，这些部件会被悬挂在槽上方进行排水，或者会被放置在外部支架上使排出的溶剂回到清洗器中。只要部件不是在清洗器中进行处理，就应该封上盖子。典型的制造冷清洗器在设计上变化广泛，但是有 2 个基本的槽设计：简单的喷涂槽和浸泡槽。其中，浸泡槽通过浸没提供更彻底的清洗效果，通常以搅拌方式提高清洗效率。小规模的冷清洗操作可能在市区内数量众多。但是，由于每个操作中产生的排放量很小、市区内的个别排放源数量众多，且业内使用的小规模冷清洗与脱脂技术没有直接关联，因此很难确定个别小规模冷清洗操作。出于这些原因，在表 6-1 中提供了相关因子，用于计算在较大的市区地理区域范围小规模冷清洗操作产生的排放量。表 6-1 中的因子对应非甲烷 VOC，且包括 25%的 1,1,1-三氯乙烷、二氯甲烷和三氯三氟乙烷。

表 6-1　小规模冷清洗脱脂操作产生的非甲烷 VOC 排放量 [a]

排放因子等级：C

操作周期	人均排放因子
每年	1.8 kg
	4 lb
每天 [b]	5.8 g
	0.013 lb

[a] 参考文献 3。

[b] 假定一周 6 天工作日（313 d/a）[译者注：此处年统计天数与表 2-1 中（312 d/a）略有不同，可统一修正为 312 d/a。]。

6.1.2　开顶式蒸气系统

开顶式蒸气脱脂装置是批量装载的沸腾脱脂装置，通过将热溶剂蒸气凝结在较冷的金属部件上来实现清洗。蒸气脱脂使用卤化溶剂（通常为过氯乙烯、三氯乙烯或 1,1,1-三氯乙烷），因为这些溶剂不易燃，且其蒸气比空气重得多。

典型的蒸气脱脂装置（见图 6-1）是一个包含加热器的集水槽，加热器的作用是使溶剂沸腾从而产生蒸气。这些纯蒸气的高度由冷凝器盘管和/或包围设备的水套来控制。在盘管上冷凝的溶剂和水分被送往水分离器，在水分离器中，较重的溶剂会从底部排走，并回到蒸气脱脂装置。“悬浮段”在蒸气区域的顶部延伸，将蒸气泄漏降低到最小限度。要清洗的部件浸没在蒸气区域，冷凝持续进行，直到部件被加热到蒸气温度。部件在从蒸气区域被慢慢移走时，部件上残留的液体溶剂会快速蒸发。边沿安装的排气系统也会将溶剂蒸气从操作人员身上带走。由于要用低于蒸汽级别的溶剂喷涂零件且要将零件浸没在液体溶剂缸槽中，因此常常会增加清洗操作。几乎所有的蒸气脱脂装置都配备了水分离器，用于使溶剂流回脱脂装置。

通常可以根据执行的特定脱脂操作对应的溶剂消耗数据来计算排放率。通常要专门购买脱脂操作中使用的溶剂，且这些溶剂不能在工厂的任何其他操作中使用。在这些情况下，购买记录提供了必要的信息，假定购买的所有溶剂最终都被排放出来，可以应用购买的溶剂每毫克排放 1 000 kg 挥发性有机物（2 000 lb/ton）的排放因子。当有关溶剂消耗的信息不可用时，如果脱脂装置的数量和类型已知，则可以计算排放率。表 6-2 中的因子基于脱脂装置的数量和全国范围内产生的排放量，在应用于特定装置时在很大程度上可能会出错。

表 6-2　脱脂操作的溶剂损耗排放因子

排放因子等级：C

脱脂类型	活动测量	未控制的有机物排放因子[a]	
全部[b]	消耗的溶剂	1 000 kg/Mg	2 000 lb/ton
冷清洗器			
整个设备[c]	操作设备	0.30 Mg/a	0.33 ton/a
废溶剂损耗		0.165 Mg/a	0.18 ton/a
溶剂转移		0.075 Mg/a	0.08 ton/a
槽和喷雾蒸发		0.06 Mg/a	0.07 ton/a
整个设备	表面区域和工作周期	0.4 kg/（h/m^2）	0.08 lb/（h/ft^2）
开顶式蒸气			
整个设备	操作设备	9.5 Mg/a	10.5 ton/a
整个设备	表面区域和工作周期[e]	0.7 kg/（h/m^2）	0.15 lb/（h/ft^2）
连续，蒸气			
整个设备	操作设备	24 Mg/a	26 ton/a
连续，非沸腾			
整个设备	操作设备	47 Mg/a	52 ton/a

[a] 100%非甲烷 VOC。

[b] 与显示的任何其他因子相比，使用溶剂消耗数据，将得出更为准确的排放计算结果。

[c] 制造设备的排放量通常较高，而维护设备的排放量较低。

[d] 参考文献 4，附录 C-6。适用于三氯乙烷脱脂装置。

[e] 适用于三氯乙烷脱脂装置。不包括废溶剂损耗。

表 6-3 列出了各种控制设备和过程的预期效率。如前所述，无论使用何种特殊溶剂，都可以应用此效率。但是，溶剂挥发性越强，效率一般会越高。另外，与根据表 6-2 中列出的“平均”因子计算的排放率相比，这些溶剂产生的排放率也会越高。

表 6-3 溶剂脱脂的预期减排因子[a]

系统	冷清洗器		蒸气脱脂装置		连续脱脂装置	
	A	B	A	B	A	B
控制设备						
封盖或封闭式设计	X	X	X	X	X	X
排水设施	X	X	X			X
覆水层、冷凝器、碳吸附或较高的悬浮段[b]		X		X		X
固体、液体喷雾流[c]		X		X		
安全开关和温控器				X		X
通过控制设备进行减排/%	13～38	NA[d]	20～40	30～60		40～60
操作过程						
正确使用设备	X	X	X	X	X	X
废溶剂回收	X	X	X	X	X	X
减少排气通风			X	X	X	X
降低传送带速度或进入速度			X	X	X	X
在操作过程中进行减排/%	15～45	NA[d]	15～35	20～40	20～30	20～30
减排总量/%	28～83[e]	55～69[f]	30～60	45～75	20～30	50～70

[a] 参考文献 2。减排范围反映了从差到好的合规等级。X 表示设备或过程将达到给定减排量。字母 A 和 B 表示不同的控制设备情况。参见参考文献 2 的附录 B。

[b] 这些主要控制设备中只有一个能在任意脱脂系统中使用。冷清洗器系统 B 可以使用其中任何一个控制设备。蒸气脱脂系统 B 可以使用除覆水层外的任何措施。连续脱脂系统 B 可以使用除覆水层和较高悬浮段外的任何措施。

[c] 如果使用喷雾搅动，则喷雾不应为喷淋类型。

[d] 控制设备与操作过程之间没有可行的减排措施。

[e] 手动或机械辅助封盖能使排放量减少 6%～18%；在脱脂装置中将部件排水 15 s 可使排放量减少 7%～20%；在容器中存储废溶剂，可使排放量额外减少 15%～45%。

[f] 百分比表示平均合规数。

6.1.3 连续脱脂装置

连续脱脂装置可以使用冷溶剂或气化的溶剂进行操作，但是可以考虑使用一种溶剂，因为它们是连续装载的，而且几乎总是加盖或封闭的。约有85%是蒸气类型，15%是非沸腾溶剂。

6.2 排放物及其控制[1-3]

冷清洗器产生的排放量发生在以下环节：（1）废溶剂蒸发；（2）溶剂转移（从湿部件蒸发）；（3）溶剂槽蒸发；（4）喷雾蒸发；（5）搅动（见图6-1）。废溶剂损耗是冷清洗操作最大的排放源，可通过蒸馏以及将废溶剂运送到特殊的焚化工厂来实现减排。将清洗好的部件排水至少15 s可减少转移过程中产生的排放量。可通过定期使用封盖，保证足够的悬浮段高度，以及避免车间内过度通风来控制槽蒸发。如果使用的溶剂不能在水中溶解且比水更重，则在溶剂上覆上厚度为5～10 cm的一层水也可以减少槽蒸发，这称为“覆水层”。低压喷雾也有助于减少该过程的这一部分中产生的溶剂损耗。通过使用封盖、将搅动控制在必要的时间跨度内，以及避免搅动低挥发性溶剂，可以控制搅动产生的排放量。搅动低挥发性溶剂会明显增加排放量。但是，与预期效果相反，搅动只会导致高挥发性溶剂的排放量有小幅增加。溶剂类型是可变的，这对冷清洗排放率产生的影响最大，尤其反映在操作温度下的挥发性上。

与冷清洗一样，开顶式蒸气脱脂产生的排放量与正确的操作方法也密切相关。大多数排放量都是由扩散和对流环节产生的，通过使用自动封盖、定期使用手动封盖、低于蒸气等级喷雾、优化工作负荷或使用悬浮段冷凝器（在较大的装置上将用以取代碳吸附设备），可以减少排放量。安全开关和温控器可以防止在出现故障和操作异常期间产生排放量，也可以减少气化的溶剂发生扩散和对流。其他排放源为溶剂转移、排气系统和废溶剂蒸发。直接影响溶剂转移的几个要素为工作负荷的规模和形式、部件的支架、清洗和烘干时间。废气排放量几乎可以由碳吸附器消除，碳吸附器能够收集溶剂蒸气来重复使用。蒸气脱脂装置与冷清洗器一样，有了它，废溶剂蒸发不再是问题了，因为使用的卤化溶剂通常会被溶剂回收系统蒸馏并回收。

由于连续脱脂装置工作负荷容量巨大且它们通常是封闭式的，因此，与其他两类脱脂装置相比，在处理每个清洗的部件时排放的溶剂较少。更多操作实践、设计和调整是影响排放量的主要因素，主要排放源是蒸气和液体溶剂的转移。

6.3 参考文献

1. P. J. Marn，*et al.*，*Source Assessment：Solvent Evaporation — Degreasing*，EPA Contract No. 68-02-1874，Monsanto Research Corporation，Dayton，OH，January 1977.

2. Jeffrey Shumaker，*Control Of Volatile Organic Emissions From Solvent Metal Cleaning*，EPA-450/2-77-022，U.S. Environmental Protection Agency，Research Triangle Park，NC，November 1977.

3. W. H. Lamason，"Technical Discussion Of Per Capita Emission Factors For Several Area Sources Of Volatile Organic Compounds"，Office Of Air Quality Planning And Standards，U.S. Environmental Protection Agency，Research Triangle Park，NC，March 15，1981，unpublished.

4. K. S. Suprenant and D. W. Richards，*Study To Support New Source Performance Standards For Solvent Metal Cleaning Operations*，EPA Contract No. 68-02-1329，Dow Chemical Company，Midland，MI，June 1976.

7 废溶剂回收工艺

7.1 工艺过程说明[1-4]

废溶剂是受污染的有机溶剂，含有悬浮和溶解的固体、有机物、水、其他溶剂和/或制造期间未加入溶剂中的物质。回收过程就是针对废溶剂的最初用途或其他工业需要，将其还原到一种状态下可实现重复使用。并不是所有的废溶剂都要回收，因为回收成本可能会超出被回收溶剂的价值。

产生废溶剂的行业包括溶剂精制、聚合过程、植物油提取、金属冶炼操作、药品制造、表面喷涂以及清洗操作（干洗和溶剂脱脂）。从废品中回收的溶剂量变化范围很大，从 40%到 99%不等，具体取决于污染程度和特性以及采用的还原过程。

设计参数和经济因素决定了溶剂回收是由私人承包商作为主工艺完成，或作为主工艺（如溶剂精制）的组成部分完成，或作为附加工艺完成（如在表面涂层和清洁行业）。大多数按合同进行的溶剂再加工操作是指通过脱脂来回收卤代烃（如二氯甲烷、三氯三氟乙烷和三氯乙烯）、脂肪族、芳香族和环烷溶剂（如油漆和涂料行业使用的溶剂）。还可回收少量特殊溶剂，如苯酚、腈和油。

图 7-1 展示了常规的溶剂回收再利用方案。行业操作可能不包括所有这些步骤。例如，只有在液态废溶剂包含溶解的污染物时，才有必要进行初始处理。

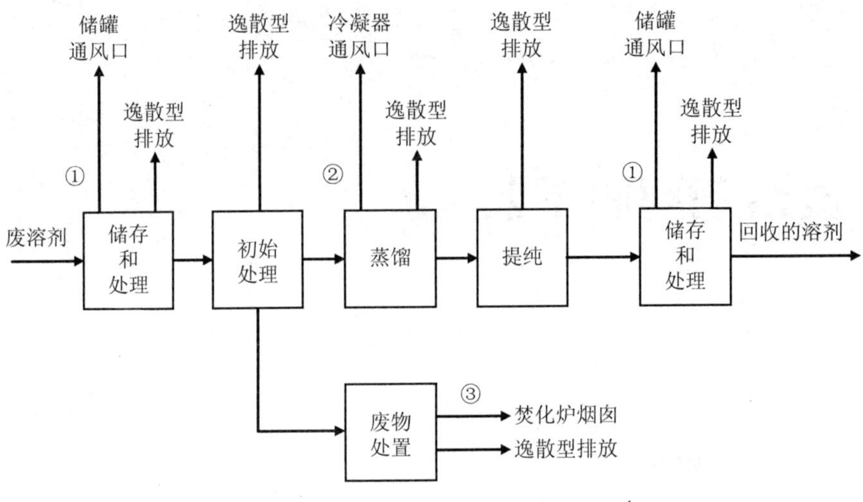

图 7-1　常规废溶剂回收方案和排放点[1]

7.1.1　溶剂储存和处理

溶剂在回收前后都要储存在容器中，范围从 0.2 m^3 的桶到容量为 75 m^3 或更大的罐。储罐采用固定或浮顶设计。通风系统可防止溶剂蒸气在固定顶罐内部形成过压或真空。

溶剂处理包括在运输和储存之前将废溶剂装入加工设备以及装满桶或罐。装满通常要通过下潜式装载或底部装载来完成。

7.1.2　初始处理

废溶剂最初通过蒸气回收或机械分离进行处理。蒸气回收涉及从气流中去除溶剂蒸气，为进一步的回收操作做准备。在机械分离中，未溶解的固体污染物将从液体溶剂中去除。

使用的蒸气回收或收集方法包括冷凝、吸附和吸收。所选方法的技术可行性取决于溶剂的溶混性、蒸气组成和浓度、沸点、反应性、溶解性，以及多个其他因素。

溶剂蒸气的冷凝是由水冷式冷凝器和制冷设备完成的。为了充分回收，要求溶剂蒸气浓度高于 20 mg/m^3。为了避免加工气流中的易燃溶剂与空气混合发生爆炸，要将空气替换为惰性气体，如氮气。逃脱冷凝的溶剂蒸气将通过主要流程还原或通过吸附或吸收来还原。

活性炭吸附是最常用的溶剂排放捕获方法。吸附系统可以回收空气中浓度低于 4 mg/m^3 的溶剂蒸气。沸点为 200℃（290℉）或更高的溶剂不会随常用于重新生成碳床的低压蒸汽一起有效解吸。图 7-2 显示了典型固定床活性炭溶剂回收系统的流程。蒸汽和溶剂蒸气的混合物一起到达水冷式冷凝器。只有与水不互溶的溶剂才会被滗析进行分离，而与水互溶的溶剂必须进行蒸馏，溶剂混合物必须滗析并进行蒸馏。还可以使用流化床操作。

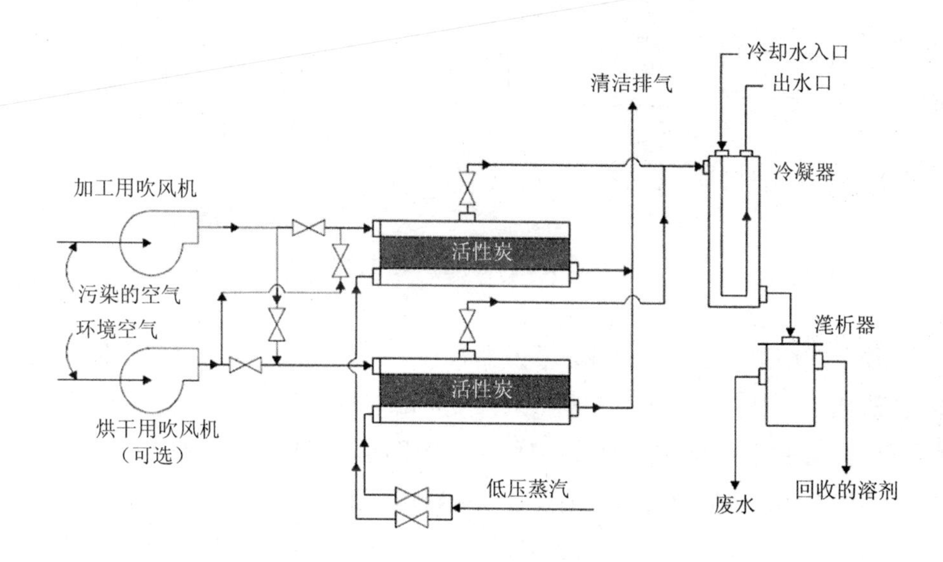

图 7-2　典型的固定床活性炭溶剂回收系统[6]

通过使废气流经过涤气塔或喷雾室中的液体来完成溶剂蒸气的吸收。通过冷凝和吸附进行回收会导致水和液体溶剂混合在一起，而通过吸收进行回收会产生油和溶剂的混合物。如果采用上述 3 种方法中的任何一种来收集溶剂蒸气，则需要进一步的回收程序。

液体废溶剂的初始处理是通过机械分离法完成的。这包括通过滗析去除水分，以及通过过滤、排水、沉淀和/或离心分离去除未溶解的固体。为废溶剂进一步处理做准备时，可能有必要组合使用多种初始处理方法。

7.1.3 蒸馏

在初始处理之后，废溶剂将被蒸馏，以去除溶解的杂质并分离溶剂混合物。分离溶解的杂质可通过简单批量蒸馏、简单连续蒸馏或蒸气蒸馏来完成。混合的溶剂可通过多种简单蒸馏法进行分离，如批量或连续精馏。这些操作过程如图 7-3 所示。

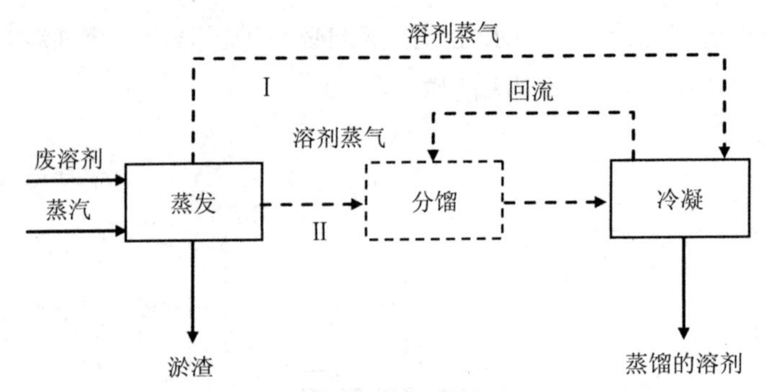

图 7-3 溶剂回收的蒸馏过程 [1]

在简单蒸馏中，废溶剂被注入蒸发器。蒸气随后会被不断去除和冷凝，且产生的淤渣或残存物会被排出。在蒸气蒸馏中，溶剂与注入蒸发器中的蒸汽直接接触而气化。简单批量蒸馏、连续蒸馏和蒸气蒸馏展示在图 7-3 的路径 I 中。

分离混合溶剂需要进行多次简单蒸馏或精馏。批量和连续精馏由图 7-3 中的路径II表示。在批量精馏中，溶剂蒸气经过分馏柱，在那里与从分馏柱顶部进入的冷凝溶剂（回流）接触。未回流返回的溶剂将作为馏出物被排出。在连续精馏中，废溶剂在分馏柱的中间点不断进入。较多挥发性溶剂会在顶部排出，而沸点较高的溶剂是在底部收集。

蒸发容器的设计标准取决于废溶剂组成组分。刮面式蒸发器或搅动薄膜蒸发器最适合于热敏感材料或黏性材料。冷凝是由气压冷凝器或壳管式冷凝器完成的。共沸溶剂混合物可通过加入第三种溶剂组分来进行分离，而沸点较高的溶剂，如高闪点石脑油（155℃，310℉），可在真空下最有效地进行蒸馏。被回收溶剂的纯度要求决定了蒸馏次数、回流比和所需的处理时间。

7.1.4 提纯

蒸馏之后，通过滗析或盐析来去除溶剂中的水分。滗析通过不互溶的溶剂和水完成；在冷凝时，溶剂或水会通过机械方式从单独的液层排出。如果在滗析之前另外冷却溶剂和水的混合物，可以降低两种组分的溶解性，从而加强二者的分离。在盐析中，溶剂会经过氯化钙床，水分是通过吸收去除的。

提纯过程中，必要时需要稳定回收的溶剂。为了确保 pH 在使用期间保持不变，可以在原溶剂中加入缓冲剂。提纯过程中，为了保证溶剂复原，可以使用特殊添加剂。这些添加剂的组分是专门设定的。

7.1.5 废料处置

初始处理和蒸馏期间从溶剂分离出来的废料可通过焚化、掩埋或深井灌注来进行处置。这类废料的成分变化很大，取决于溶剂的最初用途。但是，其中有 50% 是未回收溶剂，这使得废品始终具有黏性且为液体，进而有助于执行泵和处理程序。其余部分包含油、油脂、蜡、洗涤剂、色素、金属细粉、溶解性金属、有机物、植物纤维和树脂等成分。

私营承包商通过溶剂回收排出的废料中约有 80%是在液体废料焚化炉中进行处置。约有 14%是在垃圾填埋场进行处置，通常装在 55 gal 的大桶中。深井灌注就是用泵将废料灌注在防渗地层之间。黏性废料可能必须要经过稀释才能用泵灌注到所需的地层。

7.2 排放物及其控制[1, 3-5]

废溶剂回收期间会排放出挥发性有机物和颗粒物。排放点包括储罐通风口（排放点①）、冷凝器通风口（排放点②）、焚化炉烟囱（排放点③），以及逸散型损失（有关相应的编号，参考图 7-1）。表 7-1 给出了这些排放源的排放因子。

溶剂储存过程中，由于溶剂蒸发会排放出 VOC（见图 7-1，排放点①）。蒸馏过程中溶剂蒸气的冷凝（见图 7-3）也会排放 VOC，如果使用蒸汽喷射器，则还会排放蒸汽和非冷凝性气体（见图 7-1，排放点②）。焚化炉烟囱的排放物包含氧化并作为颗粒物排放的固体污染物、未燃烧的有机物和燃烧废气（见图 7-1，排放点③）。

表 7-1 溶剂回收的排放因子[a]

排放因子等级：D

排放源	标准污染物	排放因子平均值	
		kg/Mg	lb/ton
储罐通风口[b]	挥发性有机物	0.01 （0.002～0.04）	0.02 （0.004～0.09）
冷凝器通风口	挥发性有机物	1.65 （0.26～4.17）	3.3 （0.52～8.34）
焚化炉烟囱[c]	挥发性有机物	0.01	0.02
	颗粒	0.72 （0.55～1.0）	1.44 （1.1～2.0）
逸散型排放			
溢出[c]	挥发性有机物	0.1	0.2
装载	挥发性有机物	0.36 （0.000 12～0.71）	0.72 （0.000 24～1.42）
泄漏	挥发性有机物	ND	ND
开放源	挥发性有机物	ND	ND

[a] 参考文献 1。从国家空气污染管制机构和预调查取样中获得的数据。所有的排放因子都适用于未控制的加工设备，焚化炉烟囱除外（但是，参考文献 1 未指定此烟囱上使用的控制措施）。平均因子可从可用数据点范围得出。这些排放源的排放因子以 kg/Mg 和 lb/ton 为回收溶剂的单位。范围用括号表示。ND 表示无数据。

[b] 储罐采用固定顶设计。

[c] 只有 1 个可用值。

设备泄漏、开放式溶剂源（蒸馏和初始处理操作中排出和储存的淤渣）、溶剂装载和溶剂溢出产生的 VOC 排放物被分类为逸散型排放物。前面的 2 个排放源连续不断地排放污染物，后面的 2 个排放源间歇性排放污染物。

业界将溶剂回收视为自身的一种控制方式。碳吸附系统可以去除气流中 95%的溶剂蒸气。据估计，私营承包商经营的回收工厂中不到 50%使用控制技术。

通过将溶剂从固定顶储罐转移到浮顶储罐，可以将溶剂储存过程中产生的挥发性有机物排放量减少 98%，不过，准确的减排百分比还取决于溶剂蒸发率、环境温度、装载率和储罐容量。储罐还可以制冷或配备防水透气阀，用来在设定一定的预设真空或压力之前防止进气和蒸气逸出。

蒸馏过程中排出的溶剂蒸气可通过洗涤塔和冷凝器进行控制。还可以使用直接燃烧和催化加力燃烧室来控制非冷凝性气体和蒸馏过程中未冷凝的溶剂蒸气。完全燃烧所需的时间取决于溶剂的易燃性。在制造植物油时，还可以采用碳吸附或油吸附来处理排出的气体。

湿式洗涤塔用于去除焚化炉废气淤渣中的颗粒物，但是它们不能有效控制亚微粒子。

采用浸入方式（而不是溅注方式）装满储罐和罐车可将这一排放源产生的溶剂排放量减少50%以上。适当的工厂维护和装载程序可减少因泄漏和溢出而产生的排放量。可以用盖子盖住开放的溶剂源，以减少这些逸散型排放量。

7.3 参考文献

1. D. R. Tierney and T. W. Hughes, *Source Assessment: Reclaiming Of Waste Solvents — State Of The Art*, EPA-600/2-78/004f, U.S. Environmental Protection Agency, Cincinnati, OH, April 1978.
2. J. E. Levin and F. Scofield, "An Assessment Of The Solvent Reclaiming Industry", Proceedings of the 170th Meeting of the American Chemical Society, Chicago, IL, *35*(2): 416-418, August 25-29, 1975.
3. H. M. Rowson, "Design Considerations In Solvent Recovery", Proceedings of the Metropolitan Engineers' Council On Air Resources (MECAR) Symposium On New Developments In Air Pollutant Control, New York, NY, October 23, 1961, pp. 110-128.
4. J. C. Cooper and F. T. Cuniff, "Control Of Solvent Emissions", Proceedings of the Metropolitan Engineers' Council On Air Resources (MECAR) Symposium On New Developments In Air Pollution Control, New York, NY, October 23, 1961, pp. 30-41.
5. W. R. Meyer, "Solvent Broke", Proceedings of TAPPI Testing Paper Synthetics Conference, Boston, MA, October 7-9, 1974, pp. 109-115.
6. Nathan R. Shaw, "Vapor Adsorption Technology For Recovery Of Chlorinated Hydrocarbons And Other Solvents", Presented at the 80th Annual Meeting of the Air Pollution Control Association, Boston, MA, June 15-20, 1975.

8　罐和桶的清洗工艺

8.1　概述

铁路油罐车、公路油罐车和油桶可用于运输约 700 多种不同的货物。铁路油罐车和大多数公路油罐车和油桶都属于专用服务领域（只装运一种货物），除非受到污染，否则仅在维修或测试之前进行清洗。非专用公路油罐车和油桶在每次派出服务之后都要进行清洗。

8.1.1　铁路油罐车

大多数铁路油罐车归私人所有。其中一些由铁路公司所有的油罐车可以租用。托运的货物中有35%是石油产品、20%是有机化学品、25%是无机化学品、15%是压缩气体、5%是食品。该项研究中涉及的石油产品为乙二醇、乙烯基、丙酮、苯、杂酚油等。这些数据中不包含汽油、柴油、燃油、喷气燃料以及发动机油。发动机油在运输专用服务中占的比例最大。

多数油罐车清洗工作是在发货和收货总站进行的，废气进入制造商的处理系统。但是，有 30%～40%的清洗工作是在油罐车所有者/出租方经营的服务站进行的。有专门的设施用来清洗各种货物中的废物，其中许多设施需要用到特殊的清洗方法。

典型的油罐车清洗设施一天可清洗 4～10 辆车。车容量为 40～130 m^3。清洗剂包括蒸汽、水、洗涤剂和溶剂，可通过蒸汽软管、压力棒或车顶部开口处安放的旋转喷头来操作。通常有必要废弃硬化或结晶的产品。运载气体和挥发性材料的车辆及需要进行压力测试的车辆必须装满水或用水冲洗。据估计，每辆车清洗的残留材料平均为 250 kg。车辆清洗中排放的未燃烧或溶解在水中的蒸气会被驱散到大气中。

8.1.2 公路油罐车

美国 2/3 的在用公路油罐车可以租用。其中，80%用于拉运散装液体。大多数公司的车队最多有 5 辆公路油罐车，这些油罐车随时会被派出提供专用服务。拉运的货物和清洗的货物中，15%是石油产品（8.1.1 节中注明的产品除外）、35%是有机化学品、5%是食品，10%是其他产品。

内部清洗是在许多公路油罐车调度总站进行的。清洗剂包括水、蒸汽、洗涤剂、碱、酸和溶剂，可通过手持式压力棒或通过 Turco 或 Butterworth 旋转喷嘴来操作。通常要将车辆送往处理工厂使用洗涤剂、酸性或碱性溶液进行有偿清洗。溶剂将在一个封闭式系统中进行回收，淤渣被焚化或掩埋。每个拖车所清洗材料平均为 100 kg。挥发性材料排出的蒸气在几个服务总站进行燃烧，但最常见的是被驱散到大气中。每辆油罐车蒸汽清洗需使用 0.23 m^3 的液体，完全冲洗需要 20.9 m^3 的液体。

8.1.3 油桶

0.2 m^3 和 0.11 m^3 的油桶用于运输各种货物，其中有机化学品（包括溶剂）占 50%。其余的 50%包括无机化学品、沥青材料、弹性材料、印刷油墨、颜料、食品添加剂、燃油和其他产品。

整个用 18 号钢制成的油桶（包含总清洗量）平均寿命是 8 次出车服务。桶身用 20 号钢且桶盖用 18 号钢制成的油桶平均寿命是 3 次出车服务。并不是所有的油桶都要清洗，尤其是用比较薄的材料制成的油桶。

如果油桶带密封盖且装运的材料很容易清洗，则采用蒸汽清洗或碱洗。通过将喷嘴插入油桶中，进行蒸汽清洗，产生的蒸气会进入大气中。通过用热苛性碱溶液和一些链条翻滚油桶来进行碱洗。

如果油桶装运的材料很难清洗，则要在熔炉或开放环境下彻底燃烧油桶。带有密封盖的油桶顶部可以将密封盖切去并重新改造为开盖油桶。油桶燃烧炉可以批量燃烧，也可以连续燃烧。多个煤气喷灯可在油桶上喷射火焰，在至少 480℃（900℉）但不超过 540℃（1 000℉）的温度下 4 min 之内烧掉桶内的材料、内衬和外部颜料，防止油桶弯曲变形。

排放物将被排放到加力燃烧室或第二燃烧室，在那里气体在最少 0.5 s 内升温到至少 760℃（1 400℉）。从每个油桶去除的材料平均为 2 kg。

8.2 排放物及其控制

8.2.1 铁路油罐车和公路油罐车

铁路油罐车和公路油罐车清洗中排放到大气中的物质主要是挥发性有机化学蒸气。为了得到实际且有代表性的排放数据，承运人必须了解所拉运的有机化学品的相关数据，如高、中、低黏性分类和高、中、低蒸气压力分类。黏性较高的材料不易排空水分，这会影响油罐中残留的材料数量，蒸气压力较高的材料在清洗过程中更容易挥发，而且往往会导致更大的排放量。

没有切实可行且经济实惠的方案来控制铁路油罐车和公路油罐车清洗过程中排放到大气的物质，容器运输的货物产生易燃气体和水溶性蒸气（如氨和氯）时除外。装罐时转移的气体被送往火焰处并燃烧。水溶性蒸气被吸收在水中并被送往废水系统。其他排放物被排放到大气中。

表 8-1 和表 8-2 给出了铁路油罐车和公路油罐车所拉运的代表性有机化学品的排放因子。

表 8-1 铁路油罐车清洗对应的排放因子[a]

排放因子等级：D

化合物	产品级别		排放总量[a]	
	蒸气压力	黏性	g/铁路罐车	lb/铁路罐车
乙二醇[b]	低	高	0.3	0.000 7
氯苯[b]	中	中	15.7	0.034 6
邻二氯苯[b]	低	中	75.4	0.166 2

化合物	产品级别		排放总量[a]	
	蒸气压力	黏性	g/铁路罐车	lb/铁路罐车
杂酚油[c]	低	高	2 350	5.180 8

[a] 参考文献 1。排放因子反映了清洗每辆车时排放的污染物的平均重量。

[b] 测试持续 2 h。

[c] 测试持续 8 h。

表 8-2 公路油罐车清洗对应的排放因子[a]

排放因子等级：D

化合物	产品级别		排放总量[a]	
	蒸气压力	黏性	g/公路油罐车	lb/公路油罐车
丙酮	高	低	311	0.686
过氯乙烯	高	低	215	0.474
甲基丙烯酸甲酯	中	中	32.4	0.071
苯酚	低	低	5.5	0.012
丙二醇	低	高	1.07	0.002

[a] 参考文献 1。测试持续 1 h。

8.2.2 油桶

无法控制油桶蒸汽清洗过程中产生的排放量。溶液冲洗或碱洗所产生的气体排放量可忽略不计，因为在冲洗周期内油桶是封闭的。蒸汽清洗或冲洗油桶所产生的大气排放物主要是有机化学蒸气。

若要控制油桶燃烧炉所产生的气体排放量，则应正确操作加力燃烧室或第二燃烧室，在那里气体在最少 0.5 s 内升温到至少 760℃（1 400℉）。这通常可确保有机材料的完全燃烧，防止形成并随后排放大量 NO_x、CO 和颗粒物。但是，在露天燃烧中，没有任何可行的方式来控制不完全燃烧产品排放到大气中。将开放式清洗操作转换为封闭式循环清洗并淘汰油桶露天燃烧似乎是唯一能立即可用的控制措施。

表 8-3 给出了油桶燃烧和清洗中所排放的代表性标准污染物的排放因子。

表 8-3 油桶燃烧对应的排放因子[a]

排放因子等级：E

污染物	排放总量			
	已控制		未控制	
	g/油桶	lb/油桶	g/油桶	lb/油桶
颗粒物	12[b]	0.026 46	16	0.035
NO_x	0.018	0.000 04	0.89	0.002
VOC	Neg	Neg	Neg	Neg

[a] 参考文献 1。排放因子反映了每个油桶燃烧时排放的污染物的重量，冲洗每个油桶时排放的 VOC 除外。Neg 表示可忽略不计。

[b] 参考文献 1。

8.3 参考文献

1. T. R. Blackwood，*et al.*，*Source Assessment：Rail Tank Car，Tank Truck，And Drum Cleaning，State Of The Art*，EPA-600/2-78-004g，U.S. Environmental Protection Agency，Cincinnati，OH，April 1978.

9 印刷工艺

9.1 一般图形印刷

9.1.1 工艺过程说明

本章使用的术语“图形艺术”是指印刷行业的 4 个基本工艺过程：卷筒平版印刷、卷筒凸版印刷、转轮凹版印刷和柔性版印刷。丝网印刷以及宣传册和单张印刷不在本章的讨论范畴内。

可以在涂布纸或非涂布纸以及其他表面执行印刷，就像在铁皮上印刷和在一些织物上涂胶（参见第 2 章中表面喷涂的相关内容）那样。用于接收印刷的材料称为承印物。印刷与纸张涂布之间的区别在于，印刷总是涉及印刷机油墨的应用，而纸张涂布可能采用轮转凹版印刷或平版印刷方法。但是，印刷和纸张涂布一般都包含以下要素：在移动网布或膜的表面应用溶剂含量相对较高的材料、加热的空气在潮湿表面移动时快速蒸发溶剂、系统中排放出含有溶剂的废气。

印刷油墨的成分变化很大，但所有的印刷油墨都包含 3 个主要成分：颜料、黏合剂和溶剂。颜料用于产生所需的颜色，且由经过完善分离的有机和无机材料组成。黏合剂是一种固体成分，用于将颜料牢牢固定在承印物上，且由有机树脂和聚合物组成，在某些油墨中，还含有油和松香。溶剂可溶解或分散颜料和黏合剂，且通常由有机化合物组成。黏合剂和溶剂构成了油墨的“载体”部分。在烘干过程中，溶剂会从油墨蒸发到大气中。

（1）卷筒平版印刷

平版印刷工艺过程用于生产大约75%的书籍和宣传册以及数量不断增加的报纸，平版印刷的特点是平版印刷图像载体(即图像和非图像区域在同一个平面上)。图像区域可浸湿油墨和防水剂，非图像区域可通过化学方法避开油墨。如果使用Dalgren 润湿装置，则用于润湿印版的溶液可以包含15%～30%的异丙醇。[8] 将图像应用于橡皮覆盖的“胶印”滚筒，然后传输到承印物上，这一过程称为“胶印”。对卷纸（即连续卷）使用胶印工艺过程，即称为卷纸胶印。图 9-1 展示了卷筒平版印刷书刊印刷线。卷筒报纸印刷线不包含烘干机，因为油墨所含的溶剂非常少，而且一般使用多孔纸。

卷筒胶印使用烘干速度非常快的“热固”（即热烘干胶印）油墨。对于书刊印刷，油墨包含约 40%的溶剂，对于报纸印刷，则使用 5%的溶剂。在这两种情况下，溶剂通常为石油衍生的烃类。在书刊卷筒胶印过程中，卷筒的两面同时印刷，且通过200～290℃（400～500℉）的隧道或浮子烘干机。烘干机可以用热空气加热，也可以直接燃烧加热。进入的溶剂约有40%保留在油墨薄膜中，更多可能会在直接燃烧烘干机中被降解。卷筒通过冷却辊，然后进行折叠和剪切。在报纸印刷中，会用到烘干机，大部分溶剂会保留在纸张的油墨薄膜中。[11]

（2）卷筒凸版印刷

凸版印刷是最古老的一种活字印刷形式。尽管众多主要报纸正在转向卷筒胶印，但凸版印刷仍然主宰着期刊和报纸出版领域。在凸版印刷中，图像区域会被提高，油墨会从图像表面直接转移到纸张。图像载体可以用金属或塑料制成。这里仅讨论使用溶剂型油墨的卷筒印刷。凸版印刷报纸和单张印刷使用氧化干燥型油墨，不会排放挥发性有机物。图 9-2 展示了卷筒纸书刊凸版印刷线的1 个机组。

书刊凸版印刷使用的纸幅一次印刷一面，且在应用每一种颜色后进行烘干。使用的油墨经过热固处理，通常包含约40%的溶剂。高速操作中使用的溶剂通常是精选的石油馏分（类似于煤油和燃油），沸点为200～370℃（400～700℉）。[13]

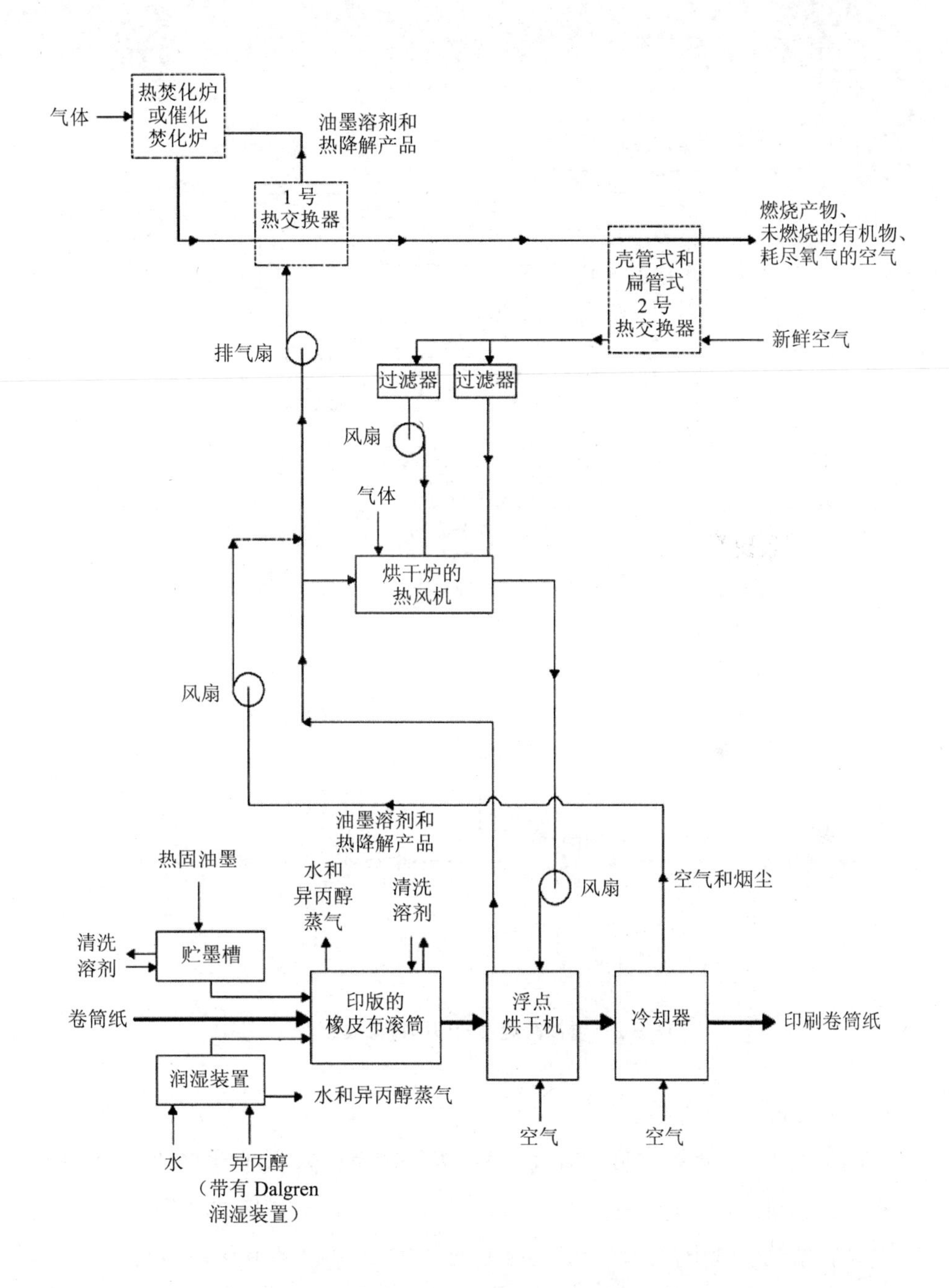

图 9-1 卷筒平版书刊印刷线排放点[11]

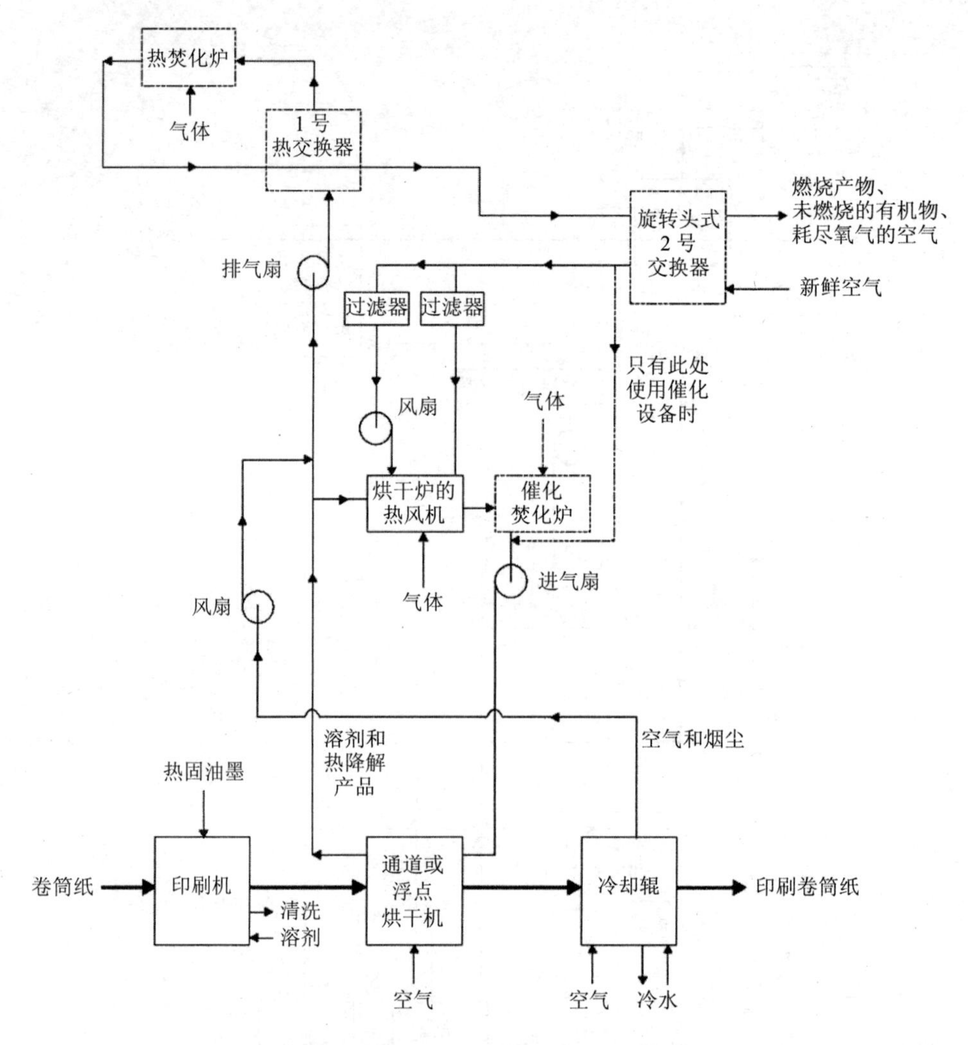

图 9-2 卷筒凸版书刊印刷线排放点[11]

（3）转轮凹版印刷

在凹版印刷中，图像区域被雕刻，或相对于图像载体表面“凹雕”。图像载体是一个镀铜钢板滚筒，通常也会镀铬以增强耐磨性。凹版滚筒在油墨槽或斗中旋转。油墨在雕刻区域中被拾取，并由钢制的“刮刀”从非图像区域被刮去。图像在由橡胶压印辊压到滚筒时直接转移到卷筒纸上，然后烘干产品。旋转的凹版（卷筒）装置称为“轮转凹版”印刷机。

转轮凹版印刷可以生产出具备卓越颜色的图像，它可以用在涂布纸或非涂布纸、膜、箔，以及几乎每一种其他类型的承印物上。这种印刷技术被集中用于书刊和广告领域（如报纸副刊、杂志和邮购目录）、折叠纸盒和其他软性包装材料，以及特殊产品（如墙面挂毯和地毯、装饰性家居纸质产品，以及乙烯基家居装饰品）。图 9-3 展示了书刊转轮凹版印刷的一个机组。如果要印刷多种颜色，则需要多个机组。

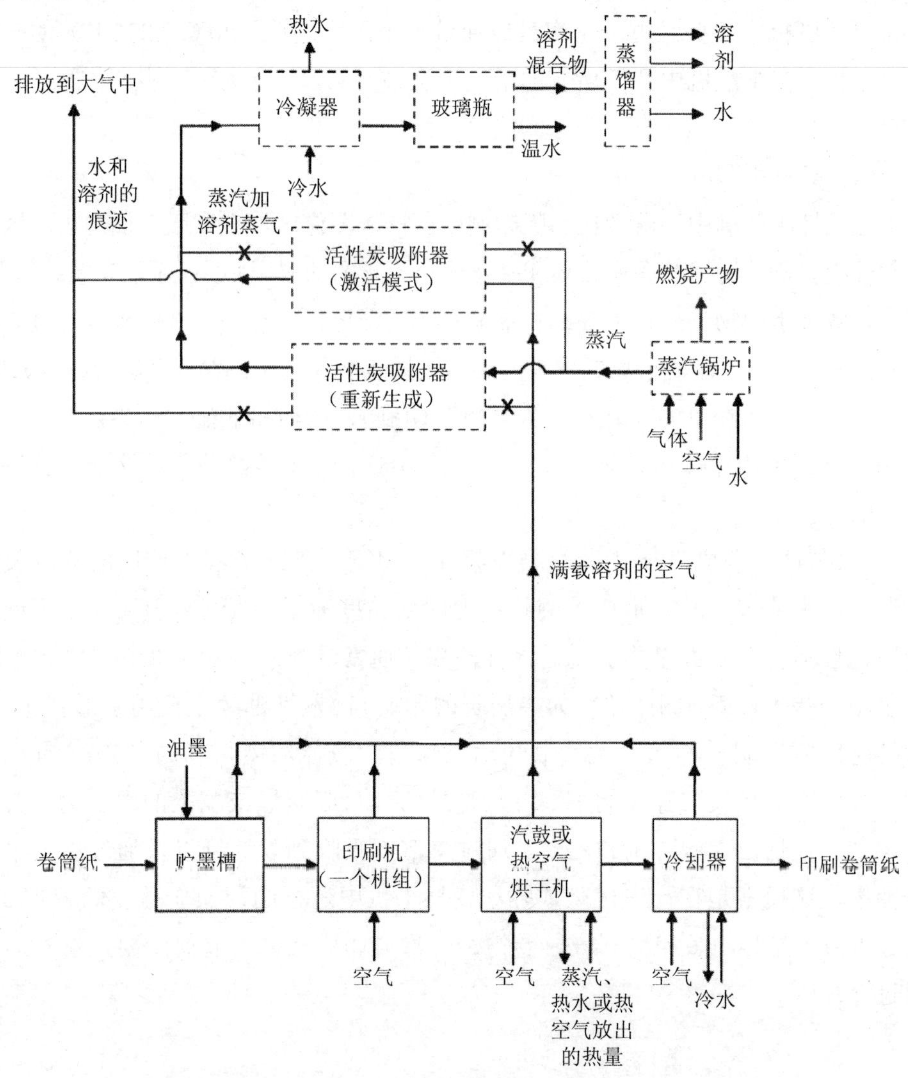

图 9-3 转轮凹版印刷线和柔性版印刷线排放点（转轮凹版书刊印刷中不使用冷却辊）[11]

转轮凹版书刊印刷中使用的油墨包含 55%～95%的低沸点溶剂（平均为75%），而且必须具备较低的黏度。典型的凹版印刷溶剂包括醇、脂族石脑油、酯、乙二醇醚、酮和硝基烷。水性油墨一般用在一些包装和特殊应用中，如糖果包装袋。

转轮凹版印刷类似于凸版印刷，卷筒纸一次印刷一面，而且必须在应用每一种颜色之后进行烘干。因此，对于 4 色、双面书刊印刷，要用到 8 个印刷机，在每个印刷机中都要经过一个汽鼓或通过一个温度高达 120℃（250℉）的热空气烘干机，在烘干机中几乎所有的溶剂都会被除去。[3] 有关进一步的信息，参见 9.2 节。

（4）柔性版印刷

在柔性版印刷中，就像在凸版印刷中一样，图像区域在印版表面之上。区别是柔性版印刷使用橡胶图像载体和基本成分为醇的油墨。该过程通常为卷筒印刷，用于在各种承印物上进行中幅或长幅多色印刷，包括重磅纸、纤维板以及金属和塑料薄膜。柔性版印刷市场的主要分类为柔性包装和层压制品、多层袋、牛奶盒、礼品包装纸、折叠纸盒、瓦楞纸板（单张印刷）、纸杯和纸盘、标签以及信封。几乎所有的牛奶盒和多层袋以及所有软性包装中的一半都是通过这一工艺过程印刷的。

“水柔性版印刷”或“蒸汽凝固柔性版印刷”工艺过程中使用的蒸汽凝固油墨是由水或蒸汽胶凝形成的糊状稠度的低黏度油墨。蒸汽凝固油墨用于纸袋印刷，且不会产生大量排放物。水性油墨（通常是在水中加了颜料悬浮液）也可用于一些柔性版印刷操作，如多层袋的印刷。溶剂性油墨主要用于书刊印刷。与转轮凹版印刷一样，柔性版书刊印刷使用的液体油墨含有约 75%的有机溶剂。这种溶剂必须与橡胶相溶，可以是醇或醇与脂肪烃或酯类的混合物。典型的溶剂还包括乙二醇、酮和乙醚。通过将溶剂吸收到卷筒纸以及通过蒸发来烘干油墨，这通常是在高速汽鼓或热空气烘干机中进行的，操作温度低于 120℃（250℉）。[3,13] 与凸版印刷一样，卷筒纸一次只印刷一面。卷筒纸要在烘干后再通过冷却辊。

9.1.2 排放物及其控制

印刷操作中产生的主要排放物包含挥发性有机溶剂。这类排放物随着印刷过程、油墨配方和覆盖范围、印刷机的大小和速度，以及操作时间而有所不同。尽管在烘干期间会从造纸原料中导出低级别的有机排放物，但是纸张的类型（涂布纸或非涂布纸）对排放数量的影响微乎其微。[13] 上面讨论的那些高容量卷筒印刷机是溶剂蒸气的主要来源。据估算，1977 年该行业年排放总量为 380 000 Mg。其中，平版印刷排放量占 28%，凸版印刷占 18%，凹版印刷占 41%，柔性版印刷占 13%。[3]

油墨中包含且用于润湿和清洗的大多数溶剂最终会被蒸发到大气中，但是一些溶剂（如石脑油溶剂）会保留在印刷的产品中离开工厂，以后排放到大气中。可以使用物料平衡方法根据式（9-1）计算溶剂总排放量，但是使用直接燃烧烘干机或对一些溶剂进行热降解的情况除外。

石脑油溶剂在 21℃（70℉）下的密度为 0.742 kg/L。

$$E_{total} = T \tag{9-1}$$

式中：E_{total} —— 溶剂排放总量，包括印刷产品产生的排放量，kg；

T —— 使用的溶剂总量，包括所用油墨中包含的溶剂，kg。

可以使用式（9-2）来计算烘干机和其他印刷线组件产生的溶剂排放量。其余的溶剂随印刷好的产品离开工厂，或者在烘干机中进行降解。

$$E = \frac{ISD}{100}\frac{(100-P)}{100} \tag{9-2}$$

式中：E —— 印刷线产生的溶剂排放量，kg；

I —— 油墨使用量，L；

S、P —— 表 9-1 中的因子；

D —— 溶剂浓度，kg/L。

表 9-1 用来计算印刷线产生的溶剂排放量的典型参数[a, b]

工艺过程	油墨的溶剂含量（S）/%（体积分数）	产品中残留且在烘干机中被销毁的溶剂（P）/%[c]	排放因子等级
卷筒平版印刷			
书刊	40	40（热空气烘干机） 60（直接燃烧烘干机）	B
报纸	5	100	B
卷筒凸版印刷			
书刊	40	40	B
报纸	0	NA	NA
转轮凹版印刷	75	2～7	C
柔性版印刷	75	2～7	C

[a] 参考文献 1、14。NA 表示不适用。

[b] S 和 P 的值具有代表性。若要估算排放量，应从排放源获得 S 和 P 的特定值。

[c] 对于某些包装产品，残留的溶剂量必须符合食品和药物管理局（Food and Drug Administration，FDA）的规定。

（1）人均排放因子

尽管图形艺术操作中的主要排放源产生的排放量占了总排放量的绝大部分，但还有相当一部分排放量源自较小的图形艺术应用，包括一般行业的内部印刷服务。图形艺术行业内的小排放源数目众多，而且很难确定，因为许多应用与非印刷行业关联。表 9-2 列出了用于计算小规模图形艺术操作所产生排放量的人均排放因子。这些因子全部都是非甲烷 VOC，适用于计算广阔的地理区域分布的排放量。

表 9-2 小规模图形艺术应用对应的人均非甲烷 VOC 排放因子

排放因子等级：D

单位	排放因子[a]
kg/（a·人）	0.4
lb/（a·人）	0.8
g/（d·人）	1[b]
lb/（d·人）	0.003[b]

[a] 参考文献 15。所有的非甲烷 VOC。

[b] 假定一周 6 天工作日（313 d/a）[译者注：此处年统计天数与表 2-1 中（312 d/a）略有不同，可统一修正为 312 d/a。]。

（2）卷筒平版印刷

卷筒平版书刊印刷线上的排放点包括：贮墨槽、润湿装置、印版和橡皮布滚筒、烘干机、冷却辊，以及产品（见图 9-1）。

醇是从润湿装置、印版和橡皮布滚筒排放的。贮墨槽、印版和橡皮布滚筒是清洗溶剂的小排放源。烘干环节是主要排放源，因为 40%～60%的油墨溶剂是在此过程中从卷筒纸消除的。

可以使用式（9-1），或式（9-2）以及表 9-1 中的相应数据来计算卷筒平版印刷的排放数量。

（3）卷筒凸版印刷

卷筒凸版书刊印刷线上的排放点包括印刷机（包括图像载体和给墨机制）、烘干机、冷却辊以及产品（见图 9-2）。

卷筒凸版书刊印刷会产生大量排放物，主要是从油墨溶剂排放的，其中约有 60%会在烘干过程中损失。清洗溶剂是小排放源，排放数量可以按照上述卷筒平版印刷的方式加以计算。

凸版书刊印刷使用的各种纸张和油墨会导致排放量控制问题，但是可以通过热焚化炉或催化焚化炉来减少损失，无论哪种焚化炉都可以与热交换器连接在一起。

（4）转轮凹版印刷

转轮凹版印刷产生的排放物出现在以下 4 个排放点：贮墨槽、印刷机、烘干机以及冷却辊（见图 9-3）。烘干机是主要排放点，因为低沸点油墨中的大多数 VOC 都是在烘干期间消除的。可以使用式（9-1），或式（9-2）以及表 9-1 中的相应数据来计算排放数量。

为了将贮墨槽周围和冷却辊上的逸散型溶剂蒸气损失降至最低程度，有必要使用蒸气捕获系统。废气焚化炉和碳吸附器是唯一能够高效控制转轮凹版印刷操作中所产生蒸气的设备。

在众多大型书刊凹版印刷工厂，通过碳吸附系统实现溶剂还原确实非常成功。这些印刷机使用与水不互溶的单一溶剂（甲苯）或可按油墨中的大致比例进行还原的单纯合剂。所有新兴的书刊凹版印刷工厂都被指定进行溶剂还原。

一些规模较小的凹版印刷操作（如印刷和喷涂包装材料）使用复合溶剂混合物，其中包含许多水溶性溶剂。利用热回收技术进行热焚化通常是控制这类操作的最可行办法。充分利用主要和辅助热回收技术，可以将焚化炉和烘干机系统操作所需的燃料量减少到少于单独操作烘干机所需的正常量。

除热焚化炉和催化焚化炉外，还可以使用卵石床焚化炉。卵石床焚化炉将热交换器与燃烧设备的功能相结合，并且可以实现85%的热回收效率。

也可以通过使用低溶剂油墨来减少 VOC 排放量。挥发性水溶有机化合物的含量达到20%的水性油墨被广泛应用于多层袋、瓦楞纸板和其他包装产品的凹版印刷中，尽管在严重削弱卷筒之前，水吸收到纸张中会限制薄的承印物上可以印刷的水性油墨量。

（5）柔性版印刷

柔性版印刷线上的排放点为：贮墨槽、印刷机、烘干机以及冷却辊（见图 9-3）。烘干机是主要排放点，可以使用式（9-1），或式（9-2）以及表 9-1 中的相应数据来计算排放量。

为了将贮墨槽周围和冷却辊上的逸散型溶剂蒸气损失降至最低限度，有必要使用蒸气捕获系统。废气焚化炉是被证明唯一能够高效控制柔性版印刷操作中所产生蒸气的设备。也可以通过使用水性油墨来减少 VOC 排放量，水性油墨广泛应用于包装产品的柔性版印刷中。

表 9-3 显示了计算出来的印刷操作的控制效率。

表 9-3　计算出来的印刷线控制技术效率

方法	应用	有机物排放量减少的百分比/%
碳吸附	书刊凹版印刷操作	75[a]
焚化[b]	卷筒平版印刷	95[c]
	卷筒凸版印刷	95[d]
	包装凹版印刷操作	65[a]
	柔性版印刷操作	60[a]
水性油墨[e]	一些包装凹版印刷操作[f]	65～75[a]
	一些柔性版包装印刷操作	60[a]

[a] 参考文献 3。总体减排效率（捕获效率乘以控制设备效率）。

[b] 直接燃烧（热）催化和卵石床。系统中的 3 个或更多卵石床的热回收效率达到 85%。

[c] 参考文献 12。挥发性有机物消除的效率，不考虑捕获效率。

[d] 参考文献 13。挥发性有机物消除的效率，不考虑捕获效率。

[e] 溶剂部分包含 75%的水和 25%的有机溶剂。

[f] 质量要求比较低。

9.1.3 参考文献

1. “Air Pollution Control Technology Applicable To 26 Sources Of Volatile Organic Compounds”, Office Of Air Quality Planning And Standards, U.S. Environmental Protection Agency, Research Triangle Park, NC, May 27, 1977. Unpublished.

2. Peter N. Formica, *Controlled And Uncontrolled Emission Rates And Applicable Limitations For Eighty Processes*, EPA-340/1-78-004, U.S. Environmental Protection Agency, Research Triangle Park, NC, April 1978.

3. Edwin J. Vincent and William M. Vatavuk, *Control Of Volatile Organic Emissions From Existing Stationary Sources, Volume VIII: Graphic Arts — Rotogravure And Flexography*, EPA-450/2-78-033, U.S. Environmental Protection Agency, Research Triangle Park, NC, December 1978.

4. Telephone communication with C. M. Higby, Cal/Ink, Berkeley, CA, March 28, 1978.

5. T. W. Hughes, *et al.*, *Prioritization Of Air Pollution From Industrial Surface Coating Operations*, EPA-650/2-75-019a, U.S. Environmental Protection Agency, Cincinnati, OH, February 1975.

6. Harvey F. George, “Gravure Industry's Environmental Program”, *Environmental Aspects Of Chemical Use In Printing Operations*, EPA-560/1-75-005, U.S. Environmental Protection Agency, Research Triangle Park, NC, January 1976.

7. K. A. Bownes, “Material Of Flexography”, *ibid.*

8. Ben H. Carpenter and Garland R. Hilliard, “Overview Of Printing Processes And Chemicals Used”, *ibid.*

9. R. L. Harvin, “Recovery And Reuse of Organic Ink Solvents”, *ibid.*

10. Joseph L. Zborovsky, “Current Status Of Web Heatset Emission Control Technology”, *ibid.*

11. R. R. Gadomski, *et al.*, *Evaluations Of Emission And Control Technologies In The Graphic Arts Industries, Phase I: Final Report*, APTD-0597, National Air Pollution Control Administration, Cincinnati, OH, August 1970.

12. R.R. Gadomski, *et al.*, *Evaluations Of Emissions And Control Technologies In The Graphic Arts Industries, Phase II: Web Offset And Metal Decorating Processes*, APTD-1463, U.S. Environmental Protection Agency, Research Triangle Park, NC, May 1973.

13. *Control Techniques For Volatile Organic Emissions From Stationary Sources*, EPA-450/2-78-022,

U.S. Environmental Protection Agency，Research Triangle Park，NC，May 1978.
14. Telephone communication with Edwin J. Vincent，Office Of Air Quality Planning And Standards，U.S. Environmental Protection Agency，Research Triangle Park，NC，July 1979.
15. W. H. Lamason，"Technical Discussion Of Per Capita Emission Factors For Several Area Sources Of Volatile Organic Compounds"，Office Of Air Quality Planning And Standards，U.S. Environmental Protection Agency，Research Triangle Park，NC，March 15，1981. Unpublished.

9.2 书刊凹版印刷

9.2.1 工艺过程说明[1-2]

书刊凹版印刷是通过轮转凹版工艺在各种纸制品（如杂志、产品目录、报纸副刊和预印插页以及宣传广告）上进行印刷的技术。书刊印刷在凹版印刷中的占有份额最大，1976 年的调查结果显示，占凹印产品销售总额的 37%以上。

轮转凹版印刷机是连续印刷的设备，正常情况下是连续或近乎连续运转。正常工作的印刷机停止运行，可能是卷筒纸纸幅断裂或机械故障造成的。每台轮转凹版印刷机通常由 8～16 个单独的印刷机组构成，最常见的是 8 机组印刷机。书刊印刷只使用 4 种颜色的油墨：黄、红、蓝、黑。在卷筒纸的一面，每个机组印刷一种颜色，除这 4 种外的其他颜色一层一层叠加印刷，最后形成需要的产品。

轮转凹版印刷过程中，卷筒纸或承印物一边持续滚动，一边与旋转凹印滚筒的图像表面接触。书刊印刷只使用纸幅。印刷图像是由凹印滚筒表面腐蚀或雕刻的许多细小凹穴和网穴形成。滚筒 1/4 浸入低黏度混合油墨槽。经过稀释、有时与相关涂料混合的原始油墨通常称为增量剂或清漆。实际使用的油墨由颜料、黏合剂、清漆和溶剂混合而成。混合油墨被旋转滚筒表面的网穴拾取，不断应用到纸幅。压印完成后，卷筒纸穿过封闭式热风烘干机，将挥发性溶剂蒸发掉，然后卷筒纸沿着连串的墨辊导入下一个印刷机组。图 9-4 以单个印刷机组的正视图（或侧视图）说明了此印刷过程。

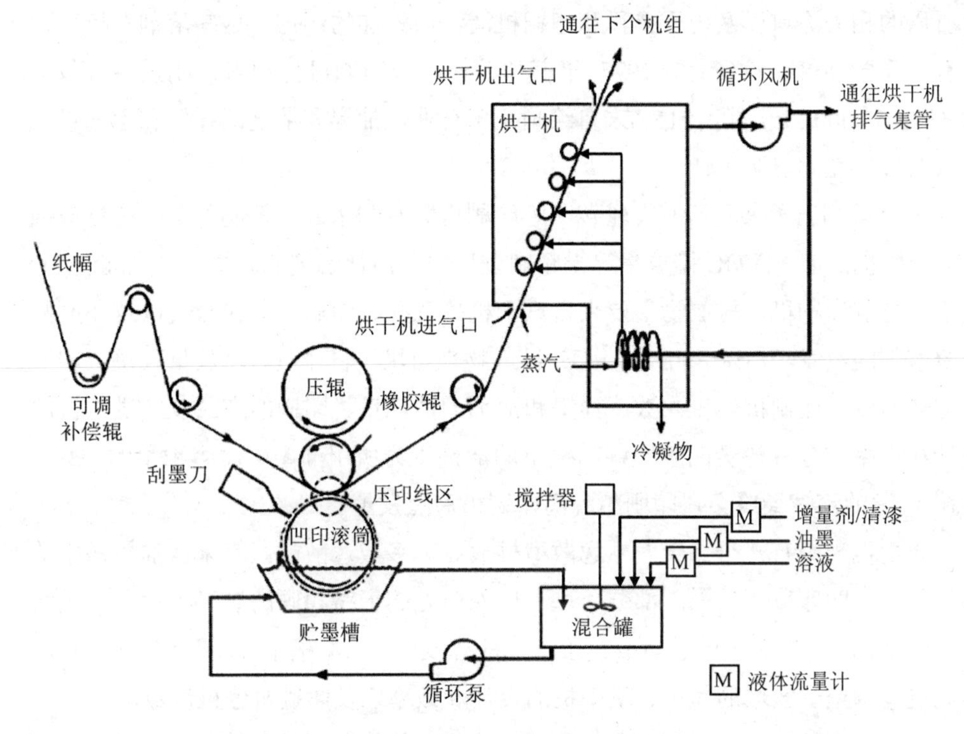

图 9-4 轮转凹版印刷机组

目前，书刊印刷大批量使用的只有溶剂型油墨。水性油墨仍在探索和开发阶段，但目前也在少数有限范围内投入了使用。颜料、黏合剂和清漆是混合油墨的非挥发性固体组分。对于书刊印刷，只有脂肪族和芳香族有机液体用作溶剂。目前使用的溶剂有两个基本类型：甲苯和甲苯-二甲苯-石脑油混合物，其中石脑油基溶剂较常用。苯在两种溶剂中都属于杂质，体积百分比浓度不超过 0.3%。购买的原始油墨通常包含体积分数为 40%～60%的溶剂，相关涂料通常包含体积分数为 60%～80%的溶剂。为了满足轮转凹版印刷流动性的要求，实际使用的混合油墨包含体积分数为 75%～80%的溶剂。

9.2.2 排放物及其控制[1, 3-4]

VOC 蒸气是书刊轮转凹版印刷排放的唯一重要空气污染物。印刷过程的排放量取决于所用溶剂的总量。VOC 排放物的来源是原始油墨中的溶剂成分、印刷过程所用的相关涂料以及用于稀释和印刷机清洗而添加的溶剂。这些溶剂有机物都具有光化学活性。据统计，1977 年书刊轮转凹版印刷可控和未控制设备排放的 VOC 为 57 000 Mg，其中 15%来自绘画美术行业。油墨和溶剂的存储和运输设备造成的排放在此忽略不计。

表 9-4 列出了书刊印刷在轮转凹版印刷机装有和未装有控制装置时的排放因子。印刷机的潜在 VOC 排放量等于印刷过程中所消耗溶剂的总量（参见脚注 f）。对于未控制印刷机，排放物主要来自烘干机排气孔、印刷逸散的蒸气以及印刷品残留溶剂的蒸发。75%～90%的 VOC 排放物来自烘干机排气，排放量取决于印刷机运转速度、印刷机停机次数、油墨和溶剂的消耗量、印刷的产品以及烘干机的设计和效率。各种轮转凹版印刷品残留的溶剂量为所用油墨中总容积量的 3%～4%。残留的溶液最终会在印刷品脱离印刷机后蒸发掉。

印刷机周围有几个点会发生逸散型排放。大多数逸散的蒸气来自油墨槽中的溶剂蒸发、凹印滚筒的裸露部分、烘干机入口处的纸路和脱离烘干机后印刷机组之间的纸幅。逸散蒸气的总量取决于溶剂的挥发性、油墨槽中油墨和溶剂的温度、印刷机周围空旷区域的大小、烘干机的设计和效率以及印刷机停机次数。

新型书刊轮转凹版印刷设备的完整空气污染物控制系统包括两部分：溶剂蒸气捕获系统和排放控制设备。捕获系统收集印刷机排放的 VOC 蒸气，然后将蒸气引入控制设备进行还原或销毁。取代大量使用溶剂型油墨的低 VOC 水性油墨系统尚未研发成功，无法作为减排的备选方案。

（1）捕获系统

目前，大多数设施只能捕获高浓度的烘干机排气。烘干机排气中的大部分是排放的 VOC 蒸气。烘干机的捕获效率受到以下因素的限制：运行温度和影响溶剂蒸气从印刷品和纸幅排放到烘干机排气的其他因素。温度过高会降低产品质量。老式烘干机排气系统的捕获效率为 84%，新型烘干机系统的捕获效率能达到 85%～89%。典型印刷机的新型捕获系统包含通风管道，每个印刷机组的烘干机排气系统都在此处并入了大型集管。为了将含有溶剂的空气从烘干机抽出并引入控制设备，还使用了一个或多个大型风机。

表 9-4 书刊轮转凹版印刷机的排放因子

排放因子等级：C

排放点	VOC 排放[a]								
	未控制			75%控制级			85%控制级		
	全部溶剂	原始油墨		全部溶剂	原始油墨		全部溶剂	原始油墨	
	kg/kg (lb/lb)	kg/L	lb/gal	kg/kg (lb/lb)	kg/L	lb/gal	kg/kg (lb/lb)	kg/L	lb/gal
烘干机排气[b]	0.84	1.24	10.42	—	—	—	—	—	—
逸散物[c]	0.13	0.19	1.61	0.13	0.19	1.61	0.07	0.10	0.87
印刷品[d]	0.03	0.05	0.37	0.03	0.05	0.37	0.03	0.05	0.37
控制设备[e]	—	—	—	0.09	0.13	1.12	0.05	0.07	0.62
总排放量[f]	1	1.48	12.40	0.25	0.37	3.10	0.15	0.22	1.86

[a] 所有非甲烷。更准确的因子为：排放的 VOC 重量/所用溶剂的总重量。假定溶剂全部由 VOC 组成。使用的全部溶剂包括原始油墨和相关涂料中的所有溶剂、添加的所有稀释溶剂和使用的所有清洗溶剂。基于稀释溶剂体积的常规添加量，通用因子为：排放的 VOC 重量/所用原始油墨（或涂料）的体积。根据油墨用量，实际因子与此差异很大，具体如下：

- 常规溶剂总体积与原始油墨（或涂料）体积的比率−2.0 L/L（gal/gal）；范围为 1.6～2.4。参见参考文献 1、5-8。
- 容积密度（D_s）根据成分和温度而变化。21℃（70℉）时，最常用的混合溶剂密度为 0.742 kg/L（6.2 lb/gal），最常用的甲苯溶剂密度为 0.863 kg/L（7.2 lb/gal）。参见参考文献 1。
- 排放的 VOC 重量与原始油墨（或涂料）体积的比率由排放因子重量比、溶剂与油墨体积的比率以及溶剂密度来确定。

$$\text{kg/L} = \text{kg/kg} \times \text{L/L} \times D_s$$

$$(\text{lb/gal} = \text{lb/lb} \times \text{gal/gal} \times D_s)$$

[b] 参考文献 3 和测试数据仅用于装有烘干机排气孔设备的印刷机（参考文献 1）。烘干机排气的排放量取决于印刷机运转速度、印刷机停机次数、油墨和溶剂的消耗量、印刷的产品以及烘干机的设计和效率。排放量占印刷机排放总量的 75%～90%。

[c] 由总排放量与其他排放点排放量之间的差值确定。

[d] 参考文献 1。溶剂脱离印刷机后是否会短暂残留在产品中，取决于烘干机效率、纸张类型和所用油墨的类型。报告显示，排放量占印刷机排放总量的 1%～7%。

[e] 基于捕获和控制设备的效率（参见脚注 f）。排放物是处理后通过排气口捕获、含有溶剂的空气中的残余物。

[f] 参考文献 1、3。未控制印刷机的排放全部来自所用的溶剂。可控印刷机的排放是基于以下公式：整体减排效率 = 捕获效率 × 控制设备效率。对于 75%控制级，捕获效率为 84%，控制设备效率为 90%；对于 85%控制级，捕获效率为 90%，控制设备效率为 95%。

一些设备在收集烘干机排气的同时还收集了逸散型溶剂蒸气，这样就提高了捕获效率。逸散型蒸气可以通过以下组件捕获：印刷机上方的外罩、印刷机周围的局部密闭罩、多点感应排气口、多层清扫排气口、印刷室总通风系统；也可以组合使用上述组件。逸散型蒸气捕获系统的设计需要功能全面，这样蒸气才能在停机状态时安全准确地进入印刷机。烘干机排气和逸散型蒸气复合系统的效率有时可高达 93%～97%，但印刷某些类型产品的实际长期平均效率只有 90%左右。

（2）控制设备

要控制从轮转凹版印刷机捕获的 VOC 蒸气，可以使用不同的控制设备和技术。控制技术分为两大类：溶剂还原和溶剂销毁。

溶剂还原是目前能够控制书刊印刷机 VOC 排放量的唯一技术。固定床活性炭吸附装置是最常用的控制设备，它由并行配置的多个容器组成，可通过烘蒸的方式再生。未来还可以使用新型的流化床吸附技术。还原的溶剂可直接在加工过程中循环使用。

用来控制 VOC 排放量的溶剂销毁设备有 3 种：传统的热氧化；催化氧化；蓄热式燃烧。目前，这些控制设备都用于其他轮转凸版印刷，不在书刊轮转凹版印刷机上使用。

溶剂销毁和溶剂还原控制设备的效率都高达 99%，但书刊印刷的实际长期平均效率为 95%左右。老式碳吸附装置的效率约为 90%。表 9-4 中列出的控制设备排放因子代表处理后通过排气口捕获、含有溶剂的空气中的残余蒸汽量。

（3）总体控制

VOC 控制系统的总体减排效率等于捕获效率乘以控制设备的效率。表 9-4 中列出了两个控制级的排放因子。75%控制级代表捕获效率为 84%，控制设备效率为 90%（这是 EPA 控制技术指南为现存老式印刷机推荐的州规范）。85%控制级代表捕获效率为 90%，控制设备效率为 95%。这是对新型书刊印刷机控制技术应用的最佳证明。

9.2.3 参考文献

1. *Publication Rotogravure Printing — Background Information For Proposed Standards*, EPA-450/3-80-031a，U.S. Environmental Protection Agency，Research Triangle Park，NC，October

1980.

2. *Publication Rotogravure Printing — Background Information For Promulgated Standards*，EPA-450/3-80-031b，U.S. Environmental Protection Agency，Research Triangle Park，NC. Expected November 1981.

3. *Control Of Volatile Organic Emissions From Existing Stationary Sources*，*Volume VIII*：*Graphic Arts — Rotogravure And Flexography*，EPA-450/2-78-033，U.S. Environmental Protection Agency，Research Triangle Park，NC，December 1978.

4. *Standards Of Performance For New Stationary Sources*：*Graphic Arts — Publication Rotogravure Printing*，45 FR 71538，October 28，1980.

5. Written communication from Texas Color Printers，Inc.，Dallas，TX，to Radian Corp.，Research Triangle Park，NC，July 3，1979.

6. Written communication from Meredith/Burda，Lynchburg，VA，to Edwin Vincent，Office Of Air Quality Planning And Standards，U.S. Environmental Protection Agency，Research Triangle Park，NC，July 6，1979.

7. W. R. Feairheller，*Graphic Arts Emission Test Report*，*Meredith/Burda*，Lynchburg，VA，EPA Contract No. 68-02-2818，Monsanto Research Corp.，Dayton，OH，April 1979.

8. W. R. Feairheller，*Graphic Arts Emission Test Report*，*Texas Color Printers*，Dallas，TX，EPA Contract No. 68-02-2818，Monsanto Research Corp.，Dayton，OH，October 1979.

10　消费者溶剂用品

10.1　概述[1-2]

商业和消费者使用的各种包含挥发性有机物的产品，都会在对流层生成臭氧。这些产品中的有机物会通过喷雾直接气化挥发、应用后气化挥发或以气相直接挥发。有机物可以充当活性产品成分的载体或活性成分本身。很多商业和消费者产品都会排放 VOC，如喷雾剂、家居用品、化妆品、研磨剂、挡风玻璃清洗液、抛光打蜡、非工业胶黏剂、空间除臭剂、驱蛾剂和洗涤剂。

10.2　排放

上述产品的主要挥发性有机物成分会逸散到大气中，包括特殊石脑油、酒精和各种氯代氟碳化合物。虽然这些产品中不包含甲烷，但根据 EPA 政策，普遍认为使用这些产品排放的 VOC 中 31%是不起化学反应的[3-4]。

表 10-1 列出了商业和消费者溶剂用品的国家排放量和人均排放因子。用人均排放因子乘以清单区域人口，就可以将人均排放因子应用到区域排放源清单。请注意，排除上述不反应排放部分，所进行的调整适用于所有排放或合成因子。建议在进行调整时切莫掉以轻心，因为替换商业/消费者产品市场中的化合物可能会造成不反应部分的改变。

表 10-1 商业/消费者溶剂用品的蒸发性排放物

排放因子等级：C

用品	非甲烷 VOC[a]					
	国家排放量		人均排放因子			
	10^3 Mg/a	10^3 tons/a	kg/a	lb/a	g/d [b]	10^{-3} lb/d
喷雾剂产品	342	376	1.6	3.5	4.4	9.6
家居用品	183	201	0.86	1.9	2.4	5.2
化妆品	132	145	0.64	1.4	1.8	3.8
研磨剂	62	68	0.29	0.64	0.8	1.8
挡风玻璃清洗液	61	67	0.29	0.63	0.77	1.7
抛光打蜡	48	53	0.22	0.49	0.59	1.3
非工业胶黏剂	29	32	0.13	0.29	0.36	0.79
空间除臭剂	18	20	0.09	0.19	0.24	0.52
驱蛾剂	16	18	0.07	0.15	0.19	0.41
洗涤剂	4	4	0.02	0.04	0.05	0.1
总计[c]	895	984	4.2	9.2	11.6	25.2

[a] 参考文献 1-2。

[b] 用 kg/a（lb/a）除以 365 计算，转换为相应的单位。

[c] 由于是四舍五入计算的，因此总计的数值可能会与相加所得的数值略有差异。

10.3 参考文献

1. W. H. Lamason，“*Technical Discussion Of Per Capita Emission Factors For Several Area Sources Of Volatile Organic Compounds*”，Monitoring And Data Analysis Division，U.S. Environmental Protection Agency，Research Triangle Park，NC，March 15，1981. Unpublished.

2. *End Use Of Solvents Containing Volatile Organic Compounds*，EPA-450/3-79-032，U.S. Environmental Protection Agency，Research Triangle Park，NC，May 1979.

3. *Final Emission Inventory Requirements For 1982 Ozone State Implementation Plans*，EPA-450/4-80-016，U.S. Environmental Protection Agency，Research Triangle Park，NC，December 1980.

4. *Procedures For The Preparation Of Emission Inventories For Volatile Organic Compounds*，*Volume I*，*Second Edition*，EPA-450/2-77-028，U.S. Environmental Protection Agency，Research Triangle Park，NC，September 1980.

11 纺织品印花工艺

11.1 工艺过程说明[1-2]

纺织品印花是纺织加工业的一部分。织物印花是指用辊筒、平网或圆网将装饰性花纹或图案印在结构织物上。其主要污染物是印花色浆或油墨中矿物油溶剂排放的 VOC。表 11-1、表 11-2 和表 11-3 分别列出了辊筒、平网和圆网印花方法的典型印刷运行特征和 VOC 排放源。

表 11-1 典型纺织品印数特征[a]

特征	辊筒		圆网		平网	
	范围	平均值	范围	平均值	范围	平均值
吸湿率[b]，消耗的印花色浆重量[kg（lb）]/织物重量[kg（lb）][c]	0.51～0.58	0.56	0.1～1.89	0.58	0.22～0.83	0.35
织物重量/ kg/m^2（lb/yd^2）[d]	0.116～0.116（0.213～0.213）	0.116（0.213）	0.116～0.116（0.213～0.213）	0.116（0.213）	0.314～0.314（0.579～0.579）	0.314（0.579）
印花色浆中添加的矿物油重量百分比/%	0～60	26	0～50	3	23～23	23
使用的印花色浆/织物面积/（kg/m^2）（lb/yd^2）[e]	0.059～0.067（0.109～0.124）	0.065（0.119）	0.012～0.219（0.021～0.403）	0.067（0.124）	0.069～0.261（0.127～0.481）	0.110（0.203）
使用的矿物油/织物面积/（kg/m^2）（lb/yd^2）[f]	0～0.040（0～0.074）	0.017（0.031）	0～0.109（0～0.201）	0.000 2（0.000 4）	0.016～0.06（0.030～0.111）	0.025（0.046）

特征	辊筒		圆网		平网	
	范围	平均值	范围	平均值	范围	平均值
印数中使用的印花色浆/kg（lb）[g]	673～764（1 490～1 695）	741（1 627）	137～2 497（287～5 509）	764（1 695）	787～2 975（1 736～6 575）	1 254（2 775）

[a] 展开长度为 10 000 m（10 936 yd）；织物宽度为 1.14 m（1.25 yd）；织物总面积为 11 400 m^2（13 634 yd^2）；线速为 40 m/min（44 yd/min）；印花机到烘箱的距离为 5 m（5.5 yd）。

[b] 吸湿率是产量计算方法，即消耗印花色浆的重量除以所用织物的重量。

[c] 参考文献 3。

[d] 只表示织物平均重量。

[e] 织物重量乘以吸湿率。

[f] 织物重量乘以湿涂层量再乘以公式中的矿物油百分比。

[g] 每单位织物面积所用的印花色浆量乘以印花织物的面积。

表 11-2 典型纺织品印数的矿物油排放源[a]

排放源	总排放量百分比/%	辊筒		圆网		平网	
		范围/kg	平均值/kg	范围/kg	平均值/kg	范围/kg	平均值/kg
印数中使用的矿物油[b]	100	0～458	193	0～1 249	23	181～684	288
损耗的矿物油（有可能是水排放）[c]	6.2	0～28	12	0～77	1	11～42	18
罩印矿物油逸散物[d]	3.5	0～16	7	0～44	1	6～24	10
托盘和配料桶逸散物[e]	0.3	0～1	1	0～4	0	1～2	1
闪蒸逸散物[e]	1.5	0～7	3	0～19	0	3～10	4
烘干机排放物[e]	88.5	0～405	170	0～1 105	21	160～606	255

[a] 展开长度为 10 000 m；织物宽度为 1.14 m；织物总面积为 11 400 m^2；线速为 40 m/min；印花机到烘箱的距离为 5 m。

[b] 印数中所用的印花色浆乘以其中添加的矿物油重量百分比。

[c] 估值由行业关系网提供。

[d] 根据织物每面罩印 2.5 cm 估算。

[e] 根据蒸发估值提供的百分比计算排放分配。

表 11-3 典型纺织品印数的矿物油排放源[a]

排放源	总排放量百分比/%	辊筒		圆网		平网	
		范围/kg	平均值/kg	范围/kg	平均值/kg	范围/kg	平均值/kg
印数中使用的矿物油[b]	100	0～1 005	425	0～2 754	51	399～1 508	635
损耗的矿物油（有可能是水排放）[c]	6.2	0～62	26	0～170	2	24～93	40

排放源	总排放量百分比/%	辊筒		圆网		平网	
		范围/kg	平均值/kg	范围/kg	平均值/kg	范围/kg	平均值/kg
罩印矿物油逸散物[d]	3.5	0～35	15	0～97	2	13～53	22
托盘和配料桶逸散物[e]	0.3	0～2	2	0～9	0	1～4	2
闪蒸逸散物[e]	1.5	0～15	6	0～41	1	6～22	9
烘干机排放物[e]	88.5	0～889	375	0～2 436	46	353～1 337	562

[a] 展开长度为 10 936 yd；织物宽度为 1.25 yd；织物总面积为 13 634 yd^2；线速为 44 yd/min；印花机到烘箱的距离为 5.5 yd。

[b] 印数中所用的印花色浆乘以其中添加的矿物油重量百分比。

[c] 估值由行业关系网提供。

[d] 根据织物每面罩印 1 in 估算。

[e] 根据蒸发估值提供的百分比计算排放分配。

辊筒印花的过程是印花色浆附着在压花辊筒上，然后将织物导入辊筒与中心圆筒之间，两者的压力使印花色浆印在织物上。辊筒印花品质优良，是印花设计师的“宠儿”，时尚服装面料的印花也最常选用这种方法。

平网印花是将已附着了印花色浆的筛网印到一段织物上，然后刮刀穿过筛网刮压，使色浆透过筛网浸入织物。平网印花常用于毛巾布的印花。

圆网印花是一种圆筒筛网与织物同速旋转的印花方法。分布在圆筒筛网内侧的印花色浆受到筛网和印花胶层（一种连续的橡胶履带）的压力而浸入织物中。圆网印花机常用于中厚服装面料或非服装类使用的面料。针织面料主要通过圆网的方法进行印花，因为加工过程中圆网不会迫压（拖拉或伸展）面料。

印花色浆的主要成分包括清色母料和溶剂，颜料印花色浆还包括低摩擦树脂和黏合剂树脂。色母料由颜料或染料配成。颜料是通过物理方式与织物结合的不溶性颗粒。染料是溶剂中通过化学或物理方式使单根纤维着色的物质。有机溶剂几乎都用于配制颜料，只有极少的有机溶剂用于配制非颜料用印花色浆。色母料中加入清母料可生成浅色和深色。清色母料中确实含有一些 VOC，但在纺织印花操作产生的 VOC 排放总量中只占不到 1%。印花色浆中含有的消泡剂和树脂可增强色牢度。每种印花色浆中还添加了少量增稠剂来控制色浆的黏稠度。印花消泡剂、树脂和增稠剂中都不含 VOC。

印花色浆的排放物主要来自溶剂，可能是水溶性溶剂，也有可能是有机溶剂（矿物油），或者两者兼而有之。印花色浆中有机溶剂浓度的重量百分比在 0～60%

不等，有机溶剂与水的比例也并非固定不变。印花色浆中所用矿物油的物理性质和化学性质相差很大（见表 11-4）。

表 11-4 矿物油的典型检验值 [a]

参数	范围
15℃（60℉）下的相对密度	0.778～0.805
25℃（77℉）下的黏度	0.83～0.95 cP
闪点（闭杯法）	41～45℃（105～113℉）
苯胺点	43～62℃（110～144℉）
贝壳松脂丁醇值（KB 值）	32～45
蒸馏区间	
初馏点	157～166℃（315～330℉）
50%的值	168～178℃（334～348℉）
终馏点	199～201℃（390～394℉）
构成	
总饱和烃/%	81.5～92.3
总芳香烃/%	7.7～18.5
C_8 和更高/%	7.5～18.5

[a] 参考文献 2、4。

尽管矿物油会在印花加工过程的早期阶段挥发一部分，但大部分还是会在印花织物干燥过程中排放到大气中，形成挥发性有机物（见表 11-2 和表 11-3，查看典型 VOC 排放分配）。对于某些特定的印花色浆或混纺织物，固色在硫化阶段进行，可能完全单独完成或仅仅是一小段干燥过程。

印花织物使用两种烘干机：蒸汽盘管或天然气烘干机，织物通过它传送到皮带、支架等组件上；蒸汽圆筒烘干机，织物与它直接接触。为了不迫压织物，大多数筛网印花织物、几乎所有针织印花面料和毛巾织物都用第一种烘干机进行烘干。辊筒印花面料和需要柔顺处理的服装面料在蒸汽圆筒烘干机上进行烘干，这样可以降低安装操作成本，而且这种烘干机的烘干速度比其他烘干机更加快捷。

图 11-1 是圆网印花加工过程示意，排放点在图中标出。平网印花加工过程与此雷同。逸散到大气中的 VOC 排放物是指烘干之前印花色浆印到织物的过程中矿物油从中挥发掉。最严重的 VOC 排放源是烘干和硫化时的排气烟囱，它将蒸

发的溶剂（矿物油和水）排放到大气中。逸散到污水中的 VOC 排放物是指印花色浆矿物油被来自印花胶层（连续的履带）的水清洗并排放到污水中。

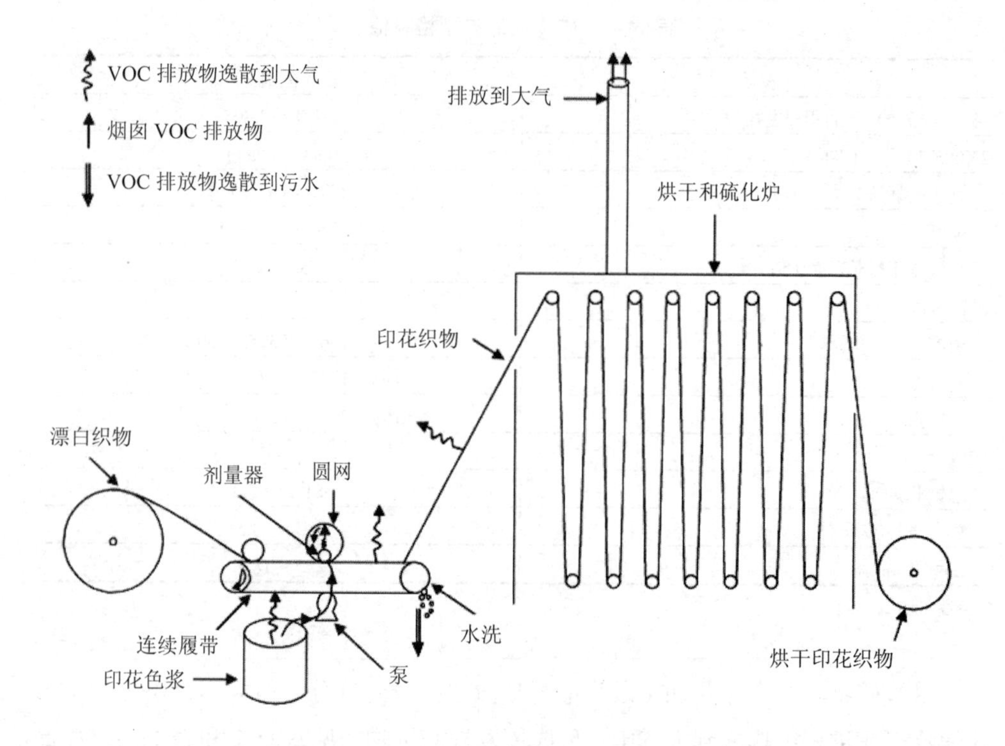

图 11-1　圆网印花加工过程示意（织物在通风烘箱中进行烘干）

图 11-2 是辊筒印花加工过程示意，图中所有的排放物均为逸散型。图示加工过程中从印花衬布（吸收多余印花色浆的织物衬底材料）逸散出来的 VOC 排放物都排放到大气中，因为印花衬布在洗涤之前被烘干。如果印花衬布在烘干之前进行洗涤，那么逸散出来的 VOC 排放物大多数会排放到污水中。在某些辊筒印花加工过程中，烘干印花织物的蒸汽圆筒烘干机是封闭式的，烘干过程的排放物直接进入大气。

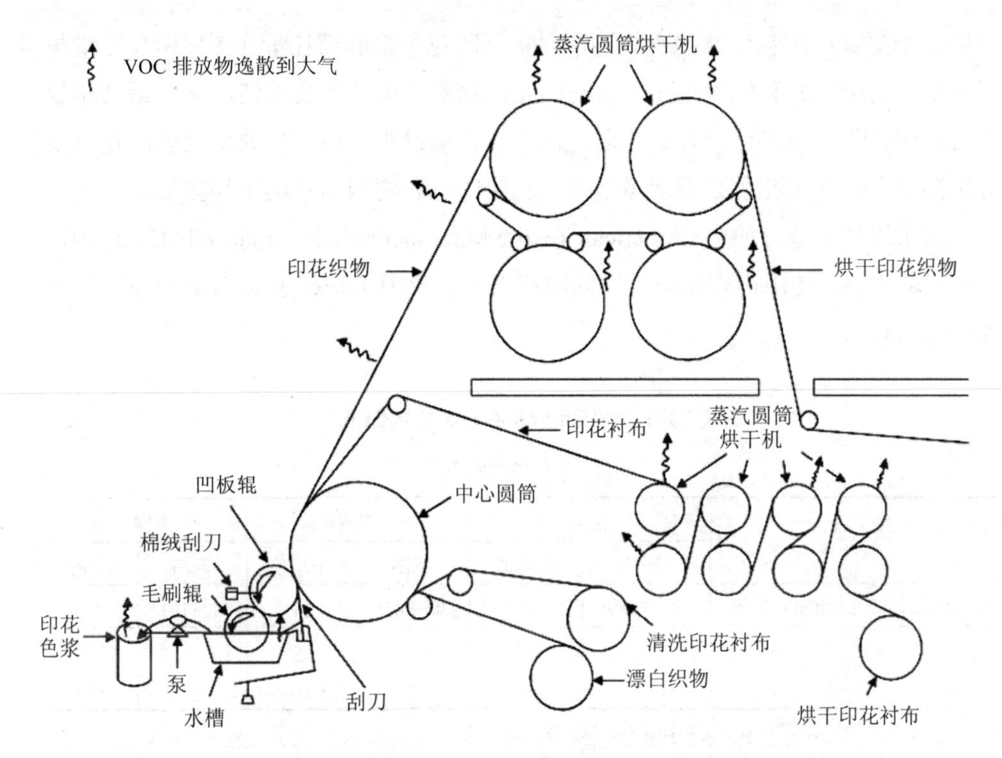

图 11-2 辊筒印花加工过程示意（织物在蒸汽圆筒烘干机中进行烘干）

11.2 排放物及其控制[1, 3-12]

对于纺织品印花行业中使用的有机溶剂，现阶段没有附加排放控制设备。新排放源性能标准开发背景资料文件草案[1]评估的热焚化炉排放量，对于某些织物印花机无法承受。对于使用其他类型附加排放控制设备是否可行尚未进行评估。减少或根除矿物油溶剂的消耗，大大减少了有机溶剂的排放。由于有机溶剂价格高昂，而且溶剂用量越大能源消耗越多，因此过去 10 年加大了水溶性溶剂和有机溶剂含量低的印花色浆的用量。目前，唯一需要大量使用有机溶剂的织物印花工艺，是时尚服装面料、设计师服装面料和毛巾布的颜料印花。

根据各个织物印花机提交的估值，表 11-5 列出了排放因子平均值、每种印花方法的加工范围以及每行印花的年均排放因子（未进行排放测试）。VOC 排放率包括 3 个参数：印花色浆的有机溶剂含量、印花色浆的消耗量（图案覆盖范围与织物重量的函数）和织物加工率。在印花织物数量保持不变的情况下，最低排放率代表印花色浆有机溶剂含量和印花色浆消耗量最少，最高排放率代表印花色浆有机溶剂含量和印花色浆消耗量最多。辊筒印花和圆网印花的平均排放率，是基于美国纺织品制造商协会（American Textile Manufacturers Institute，ATMI）于 1979 年执行的 VOC 使用调查结果。平网印花平均排放因子是基于 2 台毛巾布印花机提供的信息。

表 11-5 纺织品印花有机物排放因子[a]

排放因子等级：C

VOC	辊筒		圆网		平网[b]	
	范围	平均值	范围	平均值	范围	平均值
kg/Mg 织物或 lb/1 000 lb 织物	0～348[c]	142[d]	0～945[c]	23[d]	51～191[c]	79[e]
Mg（ton）/（a/印花行）[c]		130[c] （139）		29[c] （31）		29[c] （31）

[a] 本汇总表特意排除了转移印花、地毯印花和乙烯基涂层布印花。

[b] 平网因子适用于毛巾布印花；圆网因子适用于其他类型布料（如平布、中厚服装面料等）的平网印花。

[c] 参考文献 13。

[d] 参考文献 5。

[e] 参考文献 6。

尽管辊筒印花和圆网印花的平均排放因子代表印花色浆平均消耗率下使用有机溶剂含量中等的印花色浆，但实际上极少用到有机溶剂含量中等的色浆进行印花。印花色浆的用量呈双峰式分布，算术平均值介于两个峰值之间。大多数织物都是用水溶性溶剂或有机溶剂含量少的色浆进行印花，但如果使用有机溶剂不无裨益，也会使用有机溶剂含量高的印花色浆。通过从特定设施获得的有机溶剂用量数据，可以生成最精确的排放数据。此处列出的排放因子仅用于估算实际生产过程的排放。

11.3 参考文献

1. *Fabric Printing Industry: Background Information For Proposed Standards (Draft)*，EPA Contract No. 68-02-3056，Research Triangle Institute，Research Triangle Park，NC，April 21，1981.

2. *Exxon Petroleum Solvents*，Lubetext DG-1P，Exxon Company，Houston，TX，1979.

3. Memorandum from S. B. York，Research Triangle Institute，to Textile Fabric Printing AP-42 file，Office Of Air Quality Planning And Standards，U.S. Environmental Protection Agency，Research Triangle Park，NC，March 25，1981.

4. C. Marsden，*Solvents Guide*，Interscience Publishers，New York，NY，1963，p. 548.

5. Letter from W. H. Steenland，American Textile Manufacturers Institute，Inc.，to Dennis Crumpler，U.S. Environmental Protection Agency，Research Triangle Park，NC，April 8，1980.

6. Memorandum from S. B. York，Research Triangle Institute，to Textile Fabric Printing AP-42 File，Office Of Air Quality Planning And Standards，U.S. Environmental Protection Agency，Research Triangle Park，NC，March 12，1981.

7. Letter from A. C. Lohr，Burlington Industries，to James Berry，U.S. Environmental Protection Agency，Research Triangle Park，NC，April 26，1979.

8. Trip Report/Plant Visit To Fieldcrest Mills，Foremost Screen Print Plant，memorandum from S. B. York，Research Triangle Institute，to C. Gasperecz，U.S. Environmental Protection Agency，Research Triangle Park，NC，January 28，1980.

9. Letter from T. E. Boyce，Fieldcrest Corporation，to S. B. York，Research Triangle Institute，Research Triangle Park，NC，January 23，1980.

10. Telephone conversation，S. B. York，Research Triangle Institute，with Tom Boyce，Foremost Screen Print Plant，Stokesdale，NC，April 24，1980.

11. "Average Weight And Width Of Broadwoven Fabrics (Gray)"，*Current Industrial Report*，Publication No. MC-22T (Supplement)，Bureau Of The Census，U.S. Department Of Commerce，Washington，DC，1977.

12. "Sheets，Pillowcases，and Towels"，*Current Industrial Report*，Publication No. MZ-23X，Bureau Of The Census，U.S. Department Of Commerce，Washington，DC，1977.

13. Memorandum from S. B. York，Research Triangle Institute，to Textile Fabric Printing AP-42 File，Office Of Air Quality Planning And Standards，U.S. Environmental Protection Agency，Research Triangle Park，NC，April 3，1981.

14. “Survey of Plant Capacity，1977”，*Current Industrial Report*，Publication No. DQ-C1（77）-1，Bureau Of The Census，U.S. Department Of Commerce，Washington，DC，August 1978.

12　橡胶制品加工工艺

12.1　工艺过程概述[1]

美国很多橡胶加工设备生产汽车、卡车、飞机和农用机械的轮胎，也有很多橡胶加工设备生产其他工程橡胶制品。这些行业的生产工艺大致相似，区别主要是所用生胶原料（天然橡胶或合成橡胶）、化学添加剂和固化类型不同。以下是通用橡胶加工设备（适用于轮胎和其他橡胶产品）的说明，特别注明的除外。

橡胶制品的加工包括6个主要步骤（混炼、炼胶、挤出、压延、硫化和打磨）和若干辅助步骤。最开始，生胶（天然橡胶或合成橡胶）先与根据成品所需性能选择的添加剂混合；然后，混合橡胶通常经过碾磨后送至挤压机与其他橡胶混合。很多橡胶制品含有合成纤维或用来增加强度的纤维。这些纤维一般用压延机与混合橡胶贴合，然后挤出的橡胶与贴胶材料结合，最终成型硫化。轮胎的详细生产工艺如下：胎圈成型、糊料与打标、裁断与冷却、轮胎成型以及绿色轮胎喷涂。橡胶在硫化工艺流程中进行硫化（交联），产生成品橡胶的特性。经过硫化的成品，通常需要对粗糙的表面进行打磨，使其光滑整齐。

混炼是将生胶与若干种化学添加剂混合，如促进剂（促进硫化进程）、氧化锌（协助加速硫化）、防焦剂（防止早期硫化）、防老剂（防止老化）、软化剂（改善橡胶加工性能）、炭黑或其他填充剂（充当补强剂）以及无机或有机硫化合物（充当硫化剂）。

混炼通常在密炼机中完成。密炼机有两个转子，可沿容器壁将胶料剪断。密炼温度高达330℉。

混炼完成后，橡胶从混炼机中脱出，形成胶板或胶弹。橡胶混炼通常分为两个或多个阶段：橡胶回到混炼机，然后加入其他化学制剂再次混炼。初始阶段生成非生产性混炼胶，最终阶段生成生产性混炼胶。应该注意的是，特定设备生产的各种橡胶混炼胶可送往其他设备使用。

非生产性混炼胶包括生胶、操作油、补强材料（如炭黑或白炭黑）以及防老剂/抗臭氧剂防护系统。这些材料在 330℉左右进行混炼。最终的生产性阶段是指将非生产性阶段最后生成的橡胶与活化剂、促进剂及硫化剂混炼。这个阶段要在较低的温度（230℉左右）下混炼，因为橡胶混炼胶在高温下会立即烧焦并硫化。

美国生产的大部分橡胶制品都是由 23 种通用橡胶混炼胶中的一种或多种（见表 12-1）制成[4]。排放因子是根据表 12-2 列出的特定混炼胶配方推导出来的，其中不包括溶剂或胶黏剂等生产助剂的排放物。

表 12-1 橡胶混炼胶索引

1 号混炼胶：轮胎气密层（BrIIR/NR）
2 号混炼胶：轮胎帘布层（天然橡胶/合成橡胶）
3 号混炼胶：轮胎带束层（天然橡胶）
4 号混炼胶：轮胎底/胎侧（天然橡胶/聚丁二烯橡胶）
5 号混炼胶：轮胎三角胶条（天然橡胶）
6 号混炼胶：胎面（丁苯橡胶/聚丁二烯橡胶）
7 号混炼胶：轮胎胶囊（丁基橡胶）
8 号混炼胶：三元乙丙硫化橡胶（EPDM 1）
9 号混炼胶：过氧化物硫化橡胶（EPDM 2）
10 号混炼胶：无炭黑三元乙丙硫化橡胶（EPDM 3）
11 号混炼胶：W 型氯丁橡胶（CRW）
12 号混炼胶：G 型氯丁橡胶（CRG）
13 号混炼胶：Paracryl OZO 型胶（NBR/PVC）
14 号混炼胶：Paracryl BLT 型胶（NBR）
15 号混炼胶：氯磺化聚乙烯橡胶（CSM）
16 号混炼胶：氟橡胶（FKM）
17 号混炼胶：Vamac 型胶（AEM）
18 号混炼胶：氢化丁腈橡胶（HNBR）
19 号混炼胶：硅橡胶（VMQ）
20 号混炼胶：丙烯酸酯橡胶（ACM）
21 号混炼胶：氯化聚乙烯橡胶（CPE）
22 号混炼胶：乳聚丁苯橡胶（SBR 1502）
23 号混炼胶：氯醚橡胶（ECO）

表 12-2 橡胶混炼胶配方[a]

1 号混炼胶：轮胎气密层（BrIIR/NR）	
配方：	
溴化丁基橡胶 X-2（BIIR X-2）	85.00
SMR 20 天然橡胶	15.00
GPF 炭黑	60.00
硬脂酸	1.00
石蜡基油	15.00
非活性酚醛树脂（纯酚醛树脂 8318，SP1068）	5.00
氧化锌	3.00
硫黄	0.50
MBTS	1.50
	186.00
流程数/温度：	
1（NP 温度：320℉；氯化丁基橡胶或 290℉ 溴化丁基橡胶）	
2（P）温度：220℉	
2 号混炼胶：轮胎帘布层（天然橡胶/合成橡胶）	
配方：	
50472 天然橡胶	
SMR-GP 天然橡胶	70.00
Duradene 707	30.00
N330	36.50
Sundex 790	20.00
Flectol H	1.50
Santoflex IP	2.30
特光超级蜡	1.20
氧化锌	5.00
硬脂酸	1.00
硫黄	2.30
CBS	0.80
	170.60
流程数/温度：	
1（NP）温度：330℉	
2（P）温度：220℉	

3 号混炼胶：轮胎带束层（天然橡胶）

配方：

#1RSS 天然橡胶	100.00
HAF 炭黑（N330）	55.00
芳香油	5.00
N-（1,3 二甲基丁基）-*N*-苯基-*P*-苯二胺（Santoflex 13）	1.00
氧化锌	10.00
硬脂酸	2.00
n-叔丁基-2-二硫化苯并噻唑（Vanax NS）	0.80
硫黄	4.00
新癸酸钴（20.5%钴）	2.50
	180.30

流程数/温度：

1（NP）温度：330℉；加入 1/2 炭黑，加入 1/2 油

2（NP）温度：330℉，加入剩余的炭黑和油

3（重炼）温度：300℉

4（P）温度：220℉

4 号混炼胶：轮胎底/胎侧（天然橡胶/聚丁二烯橡胶）

非生产性配方：

NR-SMR-5 CV	50.00
Taktene 1220	50.00
N330 炭黑	50.00
氧化锌	1.50
硬脂酸	2.00
地蜡树脂 D	2.00
Vulkanox 4020	3.00
碳氢蜡	3.00
Flexon 580 油	10.00
	171.50

生产性配方：

非生产性	171.50
氧化锌	1.50
橡胶制造商硫黄	1.75
DPG	0.10
CBS	0.60
	175.45

流程数/温度：

1（NP）温度：330℉

2（P）温度：220℉

5 号混炼胶：轮胎三角胶条（天然橡胶）

配方：

TSR 20 天然橡胶	100.00
HAF 炭黑（N330）	80.00
芳香油	8.00
硬脂酸	1.00
间苯二酚	3.00
乌洛托品	3.00
氧化锌	3.00
N-叔丁基-2-二硫化苯并噻唑（Vanax NS）	1.50
n-环己基硫代酞酰亚胺（Santogard PVI）	0.30
硫黄	3.00
	202.80

1（NP）温度：330℉；加入 60 份炭黑，加入 6 份油

2（NP）温度：330℉；加入间苯二酚，加入 20 份炭黑，加入 2 份油

3（P）温度：200℉；加入乌洛托品

6 号混炼胶：胎面（丁苯橡胶/聚丁二烯橡胶）

1 号非生产性配方：

SBR 1712C	110.00
N299 炭黑	60.00
Taktene 1220	20.00
氧化锌	1.50
硬脂酸	3.00
Vulkanox 4020	2.00
Wingstay 100	2.00
Vanox H Special	2.50
Sundex 8125 油	20.00
	221.00

2 号非生产性配方：

1 号非生产性：	221.00
N299 炭黑	20.00
Sundex 8125 油	5.00
	246.00

生产性配方：

2 号生产性：	246.00
氧化锌	1.50
橡胶制造商硫黄	1.60
TMTD	0.20
CBS	3.00
	252.30

流程数/温度：

1（NP）温度：330℉；加入 60 份炭黑，加入 20 份油

2（NP）温度：330℉；加入 20 份炭黑，加入 5 份油

3（P）温度：220℉

7 号混炼胶：轮胎胶囊

配方：

BUTYL268	100.00
N330	55.00
蓖麻油	5.00
SP 1045 树脂	10.00
氧化锌	5.00
W 型氯丁二烯橡胶	5.00
	180.00

8 号混炼胶：三元乙丙硫化橡胶（EPDM 1）

非生产性配方：

Vistalon 7000	50.00
Vistalon 3777	87.50
N650 GPF-HS 炭黑	115.00
N762 SRF-LM 炭黑	115.00
104B 型操作油（Sunpar 2280）	100.00
氧化锌	5.00
硬脂酸	1.00
	473.50

生产性配方：

非生产性	473.50
硫黄	0.50
TMTDS	3.00
ZDBDC	3.00
ZDMDC	3.00
DTDM	2.00
	485.00

流程数/温度：

1（NP）温度：340℉；颠倒混炼，先橡胶后炭黑和油

2（P）温度：220℉

9 号混炼胶：过氧化物硫化橡胶（EPDM 2）

非生产性配方：

Royalene 502	100.00
N 762 炭黑	200.00
Sunpar 2280 油	85.00
氧化锌	5.00
硬脂酸	1.00
	391.00

生产性：

非生产性	391.00
DICUP 40C	6.00
SARET 500（转运/2 份活性）	2.56
	399.56

NP 温度：330℉

P 温度：240℉

10 号混炼胶：无炭黑三元乙丙硫化橡胶（EPDM 3）

配方：

Vistalon 5600	50.00
Vistalon 3777	87.50
硬质黏土（Suprex）	180.00
Mistron 蒸汽滑石	100.00
碳酸钙白炭黑	40.00
104B 型操作油（Sunpar 2280）	60.00
硅烷（A-1100）	1.50
石蜡	5.00
氧化锌	5.00
硬脂酸	1.00
硫黄	1.50
Cupsac	0.50
TMTD	3.00
	535.00

流程数/温度：

1（NP）温度：330℉

2（P）温度：220℉，加入硫黄、Cupsac 和 TMTDS

11 号混炼胶：W 型氯丁橡胶（CRW）	
配方：	
非生产性：	
WRT 型氯丁二烯橡胶	100.00
N 550	13.20
N 762	15.70
苄氧对酚 Staylite S	2.00
特光超级蜡	2.00
Santoflex IP	1.00
氧化镁	4.00
硬脂酸	0.50
PlastHall Doz	15.00
	153.40
生产性配方：	
非生产性	153.40
氧化锌	5.00
TMTD	0.50
分散型乙烯硫脲	1.00
	159.90
流程数/温度：	
240℉下执行流程 1；200℉下加入促进剂包	
12 号混炼胶：G 型氯丁橡胶（CRG）	
非生产性配方：	
GN 型氯丁二烯橡胶	100.00
SRF	50.00
Sundex 790	10.00
Octamine	2.00
硬脂酸	1.00
Maglite D	4.00
	167.00
生产性配方：	
非生产性	167.00
TMTM	0.50
硫黄	1.00
DOTG	0.50
氧化锌	5.00
	174.00
流程数/温度：	
1（NP）温度：240℉；200℉下加入氧化锌和硫化剂	
2（P）温度：200℉	

13 号混炼胶：Paracryl OZO 型胶（NBR/PVC）

配方：

PARACRIL OZO	100.00
氧化锌	5.00
OCTAMINE	2.00
硬质黏土	80.00
FEF（N-550）炭黑	20.00
硬脂酸	1.00
MBTS	2.50
TUEX	1.50
ETHYLTUEX	1.50
DOP	15.00
KP-140	15.00
Spider 硫黄	0.20
	243.70

流程数：

（NP）温度：330℉

（P）温度：220℉；加入 MBTS、TUEX、ETHYLTUEX 和 Spider 硫黄

14 号混炼胶：Paracryl BLT 型胶（NBR）

配方：

丁腈橡胶 BLT	100.00
氧化锌	5.00
SRF（N-774）炭黑	100.00
TP-95	15.00
聚酯树脂 G-25	5.00
AMINOX	1.50
硬脂酸	1.00
ESEN	0.50
MONEX	1.50
硫黄	0.75
	230.25

流程数/温度：

（NP）温度：280℉

（P）温度：220℉；加入硫黄和 MONEX，可能还需要加入 ESEN

15 号混炼胶：氯磺化聚乙烯橡胶（CSM）	
配方：	
氯磺化聚乙烯橡胶 40	100.00
CLS 4 PBD	3.00
碳蜡 4000	3.00
PE 617A	3.00
Mag Lite D	5.00
PE 200	3.00
白炭黑（碳酸钙）	100.00
N650	100.00
TOTM 油	70.00
MBTS	1.00
四酮 A	1.50
NBC	0.50
HVA-2	0.50
	390.50
使用公式/温度：	
流程数：	
1（P）温度：280℉	
16 号混炼胶：氟橡胶（FKM）	
配方：	
Viton E60C	100.00
N990 炭黑	20.00
氢氧化钙	6.00
Maglite D	3.00
	129.00
17 号混炼胶：Vamac 型胶（AEM）	
配方：	
VAMAC*B-124 母炼胶	124.00
ARMEEN 18D	0.50
硬脂酸	0.20
SRF 炭黑（N-774）	10.00
DIAK #1	4.00
DPG	4.00
	142.70

18 号混炼胶：氢化丁腈橡胶（HNBR）	
非生产性配方：	
HNBR Zetpol 2020	100.00
N650 炭黑	45.00
Flexone 7P	1.00
地蜡树脂 D	1.00
ZMTI	1.00
Kadox 911 C	5.00
硬脂酸	1.00
偏苯三酸三辛酯（TOTM）	7.00
生产性配方：	161.00
硫黄	0.50
MBTS	1.50
TMTD	1.50
MTD Monex	0.50
	165.00
流程数/温度：	
1（NP）温度：275℉	
2（P）温度：210℉	

19 号混炼胶：硅橡胶（VMQ）	
配方：	
硅橡胶	70.00
Silastic NPC-80 硅橡胶	30.00
5 Micron Min～U～Sil	68.00
Silastic HT～1 改性剂	0.80
硫化剂：Varox DBPH 50	1.00
	169.80

20 号混炼胶：丙烯酸酯橡胶（ACM）	
非生产性配方：	
Hytemp AR71	100.00
硬脂酸	1.00
N 550	65.00
	166.00
生产性配方：	
非生产性	166.00
硬脂酸钠	2.25
硬脂酸钾	0.75
硫黄	0.30
	169.30
流程数/温度：	
1（NP）温度：260℉	
2（P）温度：220℉	

21 号混炼胶：氯化聚乙烯橡胶（CPE）	
配方：	
CM 0136	100.00
Maglite D	10.00
N 774 炭黑	30.00
标准纯度 VH	35.00
DER 331 DLC	7.00
地蜡树脂 D	0.20
TOTM 油	35.00
三烯丙基异氰酸酯硫化剂 5223（Gates 提供）	2.90
Trigonox 17/40	10.00
	230.10
流程数/温度：	
单程混炼至 240℉；200℉ 下加入三烯丙基异氰酸酯、Triganox 17/40	
22 号混炼胶：乳聚丁苯橡胶（SBR 1502）	
非生产性配方：	
SBR 1502	100.00
N330 炭黑	58.50
氧化锌	10.00
硬脂酸	2.00
地蜡树脂 D（Naugard Q）	2.00
Flexone 7P	1.00
特光超级蜡	1.50
Sundex 790 油	7.00
	182.00
生产性配方：	
非生产性	182.00
橡胶制造商硫黄	2.00
TBBS	1.80
	185.80
流程数/温度：	
非生产性流程混炼至 330℉，第二流程混炼至 220℉	

23 号混炼胶：氯醚橡胶（ECO）	
配方：	
Hydrin 2000	100.00
N330 炭黑	50.00
硬脂酸	1.00
Vulkanox MB-2/MG/C	1.00
碳酸钙	5.00
Zisnet F-PT	1.00
二苯胍	0.50
Santogard PVI	0.50
	159.00
流程数/温度：	
240℉下执行流程 1	

[a] 参考文献 4。

橡胶加工中使用黏合剂、溶剂增黏剂和脱模剂造成的 VOC 排放，一般通过物料衡算（假设 100%逸散到大气中）和直接测量（某些情况下）确定。如果溶剂排放是通过物料衡算确定的（假定逸散 100%发生在应用到橡胶基质时），那么使用排放系数推算 VOC 排放时，可能会有一小部分溶剂排放重复计算。这是由于某些溶剂会被橡胶表面部分吸收，并在下游处理或硫化过程中挥发。

要确定排放因子中常规碳氢化合物成分（排放是由加工过程上游使用的溶剂或黏合剂造成）几乎是不可能的。事实表明，运用到橡胶表面溶剂的 5%会融入橡胶，然后在加工过程中作为挥发性气体排放出来。因此，汇总全设备范围的 VOC 排放清单时要特别注意，要结合使用排放因子和溶剂的物料衡算，否则就会引起实际 VOC 排放过量。

炼胶操作是将混炼胶捏炼成片状或条状，以便引入压延机或挤出机、预热橡胶（为了易于处理和加工）以及均化再生混炼胶（为了在加工过程中重复使用）。

在混炼区域中，混炼胶从本伯里氏密炼机脱出，进入掉落机、挤出机或制粒机，形成混炼胶长板。其他密炼机恰好位于本伯里氏掉落机下游，可进行其他混炼和处理操作。然后胶黏热橡胶板送往水性抗黏溶剂中，防止橡胶板冷却至室温时粘连。橡胶板直接放置在传送带（蓄布器）上，通过冷空气或冷水降温。冷却后，橡胶板堆放在存储托盘上，日后转移到混炼胶配置区。

炼胶也用于为橡胶进入压延和挤出工序做准备。为了使胶料更有弹性从而进行进一步处理，炼胶会对混炼胶进行热炼。

炼胶还用于均化再生混炼胶，以便再次引入工艺程序。

挤出操作是为了将之前炼好的混炼胶结合在一起。挤出机外面是一个固定料筒，里面是电动螺杆。口型装设在螺杆头部，将挤出的橡胶制成所需的形状或横截面。

挤出机可以有多头，将挤出成型的橡胶层叠。挤出操作对橡胶加热，橡胶会保持受热状态，直到通过空气、水槽或喷淋等方法进行冷却。

挤出时冷热进料均可。为了保持所需的操作温度，挤出机会套上外罩。

挤出机可在混炼区使用，将混炼胶定型后进一步加工处理。

压延通常在橡胶加工厂使用，是在连续的纺织品或金属网上挂胶。压延机是重型机械，配有多个正反向旋转的辊筒。它将送来的热轧橡胶条挤压成增强纤维织物、钢制品或类纤维织物，从而形成挂有胶料的橡胶薄片。压延机也用于生成厚度可控的非增强橡胶片，这种橡胶片称为气密层或条胶。压延过后，压延好的胶料缠绕成垫布以免粘连，然后切断成所需的宽度或长度，就可以在轮胎成型中使用了。

胎圈的作用是在轮胎安装在轮辋上时保证两者之间密封良好。混炼过程中生成的胎圈混炼胶用于在胎圈钢丝上挂胶。镀黄铜胎圈钢丝缠绕在巨大的线轴上，钢丝束经过挤出口型挂胶。挂好胶的钢丝按指定直径和厚度绕成一个箍，然后送至轮胎成型机。在某些情况下，成品胎圈可能会使用黏合剂。

黏合操作在轮胎成型过程的各个阶段都会用到。例如，黏合剂（胶黏剂）可增强轮胎成型过程中各个组件之间的黏合性。传统意义上的黏合剂用在胎圈成型、挤出胎面胶层（切割胎面的最终黏合以及翻新轮胎与某些其他胎面胶料的底胎面黏合）和轮胎成型机器上。特别需要注意的是，设备不同，使用的黏合剂差异也很大，这取决于轮胎加工类型和所用工艺。

打标在加工过程的各个阶段都会用到，用来标识所管理的组件。一般打标用在挤压胎面胶层，用来标识和处理硫化轮胎。要特别注意，设备不同，打标方法差异也很大。

组件预处理过程中加工的各个组件必须在进入轮胎成型过程之前截断和冷却。通常，处理混炼胶的过程会产生热量，从而导致橡胶温度升高。如果不妥善控制温度，混炼胶就会开始早期硫化，导致无法使用。

胎圈制造、挤出和压延生成的轮胎组件运往组件装配区。各种轮胎组件的装配称为轮胎定型。轮胎成型操作的主要机械组件是鼓轮，一个由轮胎制造工控制进行旋转操作的弹性圆筒。

常规的轮胎成型过程是先将气密层（特殊挤压的混炼胶薄层）贴合在鼓轮上，然后将桩放置在鼓轮上，一次成型。帘线（压延胶料——挂胶的人造丝、尼龙、涤纶或同类面料）在每个连续的胶层都是交叉排列的。这个步骤过后就是胎圈归位的过程。桩绕着胎圈向上旋转，将胎圈嵌入轮胎内。如果需要，还可以加入挤出或压延的包布（挤出机），然后贴合在压延好的金属或纤维胶层，即带束层（如有）。最后加入胎面和胎侧完成轮胎。轮胎可以在压力下“缝合”，消除组件之间的空气，并将组件连在一起。子午线轮胎生产使用的黏合剂和溶剂很少，只有轮胎成型过程中会用到黏合剂，设备不同，其间差异也很大。

鼓轮随即合拢，未硫化的轮胎（胎坯）送往胎坯喷涂装置。准备进行硫化之前，未硫化的胎坯可以涂上隔离剂（胎坯喷涂）。喷涂的隔离剂为溶剂型有机硅或水性有机硅。胎坯喷涂的作用是确保硫化过的轮胎在脱模时不会与硫化模具粘连。

橡胶制品加工的最终一步是硫化。硫化过程主要分为 3 种：压模硫化、高压蒸汽硫化和热风硫化。压模硫化是用高温高压对成品进行硫化。高压（600～10 000 psi）迫使橡胶形成模具的形状。压模硫化多用于轮胎和工程产品的加工。

高压蒸汽硫化是用高压下形成的饱和水蒸气对混炼胶进行硫化。与压模硫化不同，通过这种方法，产品是在硫化过程之前最终成型。高压蒸汽硫化多用于非轮胎制品的加工。

热风硫化是使未硫化的工程产品穿过热风箱进行硫化。温度和停留时间根据产品类型和配方的不同而变化。与高压蒸汽硫化一样，这些产品也在硫化过程之前就已经最终成型。

打磨通常是去除成品上的毛边和其他瑕疵，某些情况下是对产品进行实际塑形。废胶末偶尔会作为填料在某些橡胶加工过程中回收利用。在轮胎加工厂，打磨是为了平衡轮胎和展露白胎侧或刻字。对于工程产品工厂，打磨能够获得形状准确的成品，如传动带的最终成型。

12.2 设备规模说明

在多种规模的类似工艺设备上进行了排放测试。测试规模相差最大的是密炼机，其规格有 2 lb 实验室密炼机、200 lb 中试规模系统以及 500 lb 生产型密炼机。按照每混炼 1 lb 橡胶排放 1 lb 污染物，测试数据表明排放与混炼机规模无关，挥发性和半挥发性排放更是如此。金属排放物会有所不同，因为大型密炼机在充填过程中漏粉比小型设备多。

由于加工设备的规模与排放量没有直接关联，因此也就没有形成设备规模的换算因子。

12.3 排放物及其控制

6 个主要加工步骤（混炼、炼胶、挤出、压延、硫化和打磨）过程中机械生成或外部增加的热量会导致挥发性有机物（VOC）和有害空气污染物（HAP）的排放。颗粒物排放主要是由于混炼中使用干粉化学制剂以及打磨造成的。

除尘器（袋式除尘器或织物过滤器）常用于控制混炼造成的颗粒物排放。旋风分离器与除尘器或静电除尘器通常在打磨时结合使用。

12.4 排放因子[3]

排放因子表中通常包含以下内容：

（1）总 VOC 按 EPA 参考方法 25A/FID 进行分析。

（2）总衍生有机物按 EPA 参考方法 TO-14/GC-MS（衍生挥发物）、TO-14/GC-FID（挥发性臭氧前体物）和 M8270（半挥发性有机物）。

注意：由于分析方法的内在差异，因此参考方法 25A 的结果与总衍生有机物参考方法的结果没有可比性。

（3）总有机 HAP 是 1990 年《清洁空气法》第 301 节定义的有害空气污染物，并按 EPA 参考方法 TO-14/GC-MS 和 M8240（挥发性有机物）、M8270（半挥发性有机物）以及 TO-14/GC/FPD（含硫化合物）进行分析。

（4）总金属 HAP 是 1990 年《清洁空气法》第 301 节定义的有害空气污染物，并按 EPA 参考方法 M6010 和 M7000（金属）进行分析。

（5）总 HAP 是总有机 HAP 和总金属 HAP 的总和。

（6）总颗粒物（PM）按 EPA 参考方法 5 进行分析。

（7）各表中不包含特定流程的任何步骤以及化合物中检测到的目标分析物。假定任何步骤均未检测到目标分析物，那么即使目标分析物存在，最低检测限也很可能表明整体数量不足。

（8）在一个或多个步骤中检测到的目标分析物要取平均值。为了求平均值，假定非测试步骤检测到的目标分析物浓度为测试检测限的一半。

（9）预计会在橡胶混炼过程排放的颗粒物中检测到金属，其他过程中检测到的排放量应该不大。为了确认这个假设，对挤出机排放物中是否存在金属进行了分析。事实证明，排放的金属数量很少，完全在分析方法的误差范围内，因此金属排放物在其他过程中可以忽略不计。

本章节相关的表格及排放因子的说明可以在 CHIEF 网站（http://www.epa.gov/ttn/chief/ap42/ch04/）查阅相关电子数据表。表格很大，无法在本章节中显示完整，因此电子数据表更为实用。MS Excel 电子数据表中的内容在表 12-3 中列出。

表 12-3 排放因子表和文件的关键点

<table>
<tr><th>表格名称</th><th>包含的橡胶混炼胶</th><th>文件名</th></tr>
<tr><td>高压蒸汽 SCC 3-08-001-41</td><td rowspan="7">混炼胶 1—23 号（参见表 12-2 橡胶混炼胶配方）</td><td rowspan="13">MS Excel 电子数据表
c04s12_tables.xls</td></tr>
<tr><td>压延机 SCC 3-08-001-15</td></tr>
<tr><td>挤出 SCC 3-08-001-12</td></tr>
<tr><td>热风 SCC 3-08-001-42</td></tr>
<tr><td>炼胶 SCC 3-08-001-28</td></tr>
<tr><td>混炼 SCC 3-08-001-11</td></tr>
<tr><td>平板硫化机 SCC 3-08-001-43</td></tr>
<tr><td>打磨</td><td rowspan="5">N/A</td></tr>
<tr><td>- 带束层 SCC 3-08-001-51</td></tr>
<tr><td>- 胎体 SCC 3-08-001-52</td></tr>
<tr><td>- 翻新胎面 SCC 3-08-001-53</td></tr>
<tr><td>- 胎侧/白胎侧 SCC 3-08-001-54</td></tr>
<tr><td>轮胎硫化 SCC 3-08-001-07</td><td>N/A</td></tr>
</table>

12.5 参考文献

1. *Development of Emission Factors for the Rubber Manufacturing Industry，Volume 1：Emission Factor Program Results. Final Report*，prepared for the Rubber Manufacturers Association（RMA）by TRC Environmental Corporation，Lowell，MA，May 1995.

2. *Development of Emission Factors for the Rubber Manufacturing Industry，Volume 2：Project Data. Final Report*，prepared for the Rubber Manufacturers Association（RMA）by TRC Environmental Corporation，Lowell，MA，May 1995.

3. *Development of Emission Factors for the Rubber Manufacturing Industry，Volume 3：Test program Protocol. Final Report*，prepared for the Rubber Manufacturers Association（RMA）by TRC Environmental Corporation，Lowell，MA，May 1995.

4. *Development of Emission Factors for the Rubber Manufacturing Industry，Volume 4：Emission Factor Application Manual. Final Report*，prepared for the Rubber Manufacturers Association（RMA）by TRC Environmental Corporation，Lowell，MA，May 1995.

5. *Stationary Source Sampling Report for Michelin North America，Inc.，Duncan，South Carolina* by Trigon Engineering Consultants，Inc.，Charlotte，NC，January 1999.

6. *Stationary Source Sampling Report for Farrel Process Laboratory*，prepared for the Rubber Manufacturers Association（RMA）by Trigon Engineering Consultants，Inc.，Charlotte，NC，July 1999.

7. *Section 112（c）（6）Source Category List：Tire Production*，Federal Register. 40 CFR Part 63. Vol. 65，No. 150. August 3，2000. pp. 47725.

8. *National Emission Standards for Hazardous Air Pollutants：Rubber Tire Manufacturing*，Federal Register. 40 CFR Part 63. Vol. 65，No. 202. October 18，2000. pp. 62414.

9. *National Emission Standards for Hazardous Air Pollutants：Rubber Tire Manufacturing-Final Rule*，Federal Register. 40 CFR Part 63. Vol. 67，No. 161. July 9，2002. pp. 45588.

10. *National Emission Standards for Hazardous Air Pollutants：Rubber Tire Manufacturing-Final Rule，technical correction*，Federal Register. Vol. 68，No. 48. March 11，2003. pp. 11745.

11. Letter from T.J. Norberg，Rubber Manufacturing Association to R. Ryan，U.S. Environmental Protection Agency，September 7，1999. Data Review and Tire Carcass Grinding Update.

附件：

计量单位换算表

单位符号	单位名称	换算系数
atm	标准大气压	1 atm=1.013 25×10^5 Pa
ft	英尺	1 ft=0.304 8 m
ft^2	平方英尺	1 ft^2=9.290 304×10^{-2} m^2
gal	加仑	1 gal（US）=3.785 43 L
gr	格令	1 gr=0.064 799 g
hp	马力	1 hp=745.700 W
in	英寸	1 in=2.54 cm
lb	磅	1 lb=0.453 592 kg
mil	密耳	1 mil=10^{-3} in=25.4×10^{-6} m
mmHg	毫米汞柱	1 mmHg=1.333 22×10^2 Pa
psi	磅力每平方英寸	1 psi=6 894.76 Pa
ton（US）	短吨	1 ton（US）=2 000 lb=907.184 74 kg
yd	码	1 yd=0.914 4 m
yd^2	平方码	1 yd^2=0.836 127 36 m^2